フィギュール彩 55

60 YEARS OF TV JOURNALISM ON ATOMIC ENERGY
NANASAWA KIYOSHI

テレビと原発報道の60年

七沢 潔

figure Sai
彩
彩流社

◉はじめに

この本は、この10年ほどの間に私が原子力について書いた論文やリポート、講演などで語った言葉の抜粋である。

思えばこの10年は私にとって「行きつ戻りつ」の歳月だった。テレビのディレクターとして1986年のチェルノブイリ原発事故以来原子力の問題を追い、番組を作り、本を書いてきた私は2004年に放送文化研究所に異動した。それからはアーカイブにある過去の番組を視聴しながら、日本のテレビの原発報道や沖縄報道などの歴史を研究してきた。

2007年は東海村で日本の原子力の最初の火がともされた1957年からちょうど50年、半世紀がたったときだった。奇しくも私と同じ齢である原子力をテレビはどう伝えてきたのか、自らの仕事も含めて、客観的に検証してみた。本書の第Ⅱ部6章にはその成果が収録されている。

ところが異動から7年後の2011年3月、東京電力(以下、東電)福島第一原子力発電所(原子力発電所は以下、原発)で事故が起こった。後述するように私は制作現場の要請で番組取材に戻った。情報が少ない中、旧知の科学者とともに原発周辺を歩き、放射能汚染の実態を調べて番組化した。ETV特集『ネットワークでつくる放射能汚染地図』という番組は内外の賞を多数受賞するなど社会的に評価されて7本にわたるシリーズとなり、私はそのすべてに取材者、監修者として関わった。そしてその後、制作現場を離れ、再び研究所の仕事に戻った。この間に書いた文章が本書の第Ⅰ部を構成している。

第Ⅰ部の序章から2章までには、今読むと恥ずかしくなるような高揚感が漂っている。チェルノブイリ、東海村の事故を取材者として経験していながらも、文字通り日本社会を震撼させた福島の原発事故の衝撃に自分が感応しているのがわかる。同時に、過去の二つの事故の後、原子力への依存が全く変わらず、むしろ強化された日本社会が今度こそ大きく変わるのではないか、という期待があったのかもしれない。だがその期待は、3章、4章に記したように、事故後5年の時間の中で次第にしぼんでいった。「状況への期待感」に温度があるとすれば、それはいま活性化には程遠い低温、「冷温停止状態」に近いと表現されるだろう。

だが一方でそうなることをどこかで予期していた自分もいた。高揚する中でも事故から4ヶ月後には「記憶の半減期は短い」と言葉に表していたのだ(3章参照)。それは過去50年にわたる原子力報道を分析する中で、事故が起これば殺到するマスメディアが、あっという間に雲散霧消する性向があらかじめ意識化されていたからである。自らの体験にも裏打ちされるこの「メディアの忘却」は、実際どのようなメカニズムや力学で進むのか。その検証が、研究者としての私の宿題になっていた。

だから、意識に温度差のある第Ⅰ部と第Ⅱ部の間には溝がありそうに見えるが、実は内層ではつながっている。3・11後の5年間の社会の意識の流れ、「高揚と失速」「覚醒と忘却」の解読が加わることで、6章の論文「原子力50年、テレビは何を伝えてきたか」は本書のタイトルである「テレビと原発報道の60年」に進化する可能性がある。とはいえ、4章を除き既出の文章のアンソロジーであることをお赦しいただきたい。書き下ろしではないため多少でこぼこするが、書かれたときの感触、思いの丈を感じとっていただく「体験型読書」にしていただけたら幸いである。

従ってよほど看過できない場合をのぞき、テキストの表現・内容や登場人物の年齢等は執筆時のまとし、正しい現状認識のため必要な追加情報は注釈などで補足した。

目次

＊かつて原爆による「被爆」と原発事故などによる「被曝」は区別されていたが、本書では「被曝」が調査のキーワードとして使われた第6章と「被爆地」「被爆者」など広島・長崎に関連して長年使われてきた言葉を除き、どちらも「被ばく」と表記する。

序章　フクシマで「生命の切断」が始まっている

（日本ビジュアル・ジャーナリスト協会ウェブサイト、2011年4月）

村上春樹の小説『1Q84』は月がふたつ宙にかかる、ここではない異次元の世界に入った東京を描いたが、いま私は自分がそんな世界の登場人物になったような気分がする。

そもそも勉強嫌いの娘が大学に合格する「奇跡」が起こった翌日に、福島で原発が爆発した。それも第一原発の1、3号機で次々と起こり、なおかつ、使用済み核燃料プールで冷却が不能となった4号機では原子炉建屋で火災（爆発）が発生、格納容器の圧力抑制室が破損したとみられる2号機からは大量の放射能が漏出した。空中撮影の映像の中で4機の原子炉はそろって討ち死にしたように、あるものはあんぐりと口をあけ、あるものは瓦礫の山が飛び出た内臓のように露出している。1986年のチェルノブイリ原発事故の直後に空中から撮られた映像を彷彿とさせる。

その映像を撮ったカメラマンはかつて私に、「融けた核燃料がむき出しとなり、煙がたつ原子炉の骸《むくろ》の上空を飛んだ時、鳥たちが破壊された炉の上を飛ばず迂回しているのを見た」と語った。磁場の異変から事態を察知した鳥類と違い、五感では放射能を感知できず、情報統制の中で国家の命令に従って被ばくしてゆく人間の悲しさ……悄然となった記憶が蘇り、隣接する意識の中で、私は、自分がもはや3・11以前の世界から切り離されていることを悟った。すでに私たちは放射能汚染地帯＝「ゾーン」の中に入ってしまったのだ。だが日本政府は4月半ばになるまでチェルノブイリと同じ「レベル7」だとは、言おうとしなかった。

払暁に2号機から多くの放射能が放出された3月15日、気がつけば私は福島に向かう車に乗っていた。7年間離れていた番組制作現場から呼び出され、原発事故を伝える番組づくりへの参加を求められたからだ。チェルノブイリの大惨事から25年、原発問題に取り組む制作者はいなくなり、現場は基礎知識すら失っていた。

原発から190キロ離れた常磐自動車道の守谷サービスエリアですでにサーベイメーターは東京の平常値の75倍にあたる毎時3マイクロシーベルトを検出、強力な北風は東京へとヨウ素をたっぷりと含む放射能を運ぶ途中だった。その風に逆らうように、自衛隊や東京電力(以下、東電)関連の車両だけが目につく空っぽの高速道路を現場に向かう。

翌16日、前夜からの降雪が放射能を大地に沁みこませていた、まさにその日に、私は元放射線医学研究所の研究官・木村真三氏と、土壌や植物のサンプリングを開始した。民家の庭先で、人気のない学校の校庭で、土を5センチ、10センチと掘りこんですくいあげる。爆発で放出された放射能をできるだけ早くサンプリングして分析する、そうすれば半減期の短い放射性核種も検出でき、それによって事故に関するより深い分析が可能になる――それが、1999年の東海村(JCO)臨界事故の際、初動に失敗した経験をもつ木村氏が突撃サンプリングに動いた理由だった。

住む人のいなくなった街を、風が鳴きながらすり抜ける。飼い主に捨てられた犬たちが最初は警戒がちに、次第に頭を低くしてすり寄ってきて、こちらが立ち去ろうとすれば後をつけてくる。またもチェルノブイリの既視感が私を襲う。原発から15キロの村からの避難民によれば、村民が事故発生を公式通知されたのは事故から5日たってからだった。そして8日目に、188人がバスに分乗、コルホーズ(国営農場)の牛や豚は297台のトラックに乗せられて避難した。だがバスを追って走ってきた10数匹の犬は、トラックの荷台にのった警察官によって、次々と銃で射殺されたという。

フクシマの「ゾーン」では、愛するペットとの惜別に耐えかねて、いつでも餌をあげに行けるようにと、自宅から遠くない地点を選んだ夫婦など12人ほどの大人たちが、地区の集会所で暮しているのに出会った。子どもがいない心優しき愛犬家、愛猫家の3組のカップルと、身体障害者の妻を夫が介護する夫婦、そして4人の中年の独身男性たち。もとはお互い見ず知らずの人々が事故後に作った「とまり木」のような「共同体」。公式の避難所ではないため、役所からの支援を受けられず、各々が持ち寄る米や野菜、近所の農家で働いて現物支給された卵を食べて凌いだ。しかしそこは、毎時80マイクロシーベルト、東京の通常の1200倍もの強い放射線が飛び交う危険な場所だった。にもかかわらず、30キロ圏内であるため「自主避難」区域とされ、役場からも警察からも放射線のデータを教えられなかった。

彼らは測定器の数値を示した木村氏の必死の説得で、ようやく20日ぶりにより安全な避難所に移った。スクリーニングの結果、「除染」された人もいた。

その一方で、4万羽の鶏を抱える近くの養鶏場では、飼料が届かなくなり、3万羽が餓死していった。宮城県の飼料業者は地震と津波で生産を停止、頼みの茨城の業者が「放射能」を理由に配達を拒んだからだ。

　またその後計画的避難区域となった隣の村では、三世代が同居して競走馬を育てる一家が、手塩にかけて育てた4頭のサラブレッドをただ同然で遠隔地の生産者に譲るところまで追い込まれた。若い息子の家族は汚染の少ない会津へ、父母と祖父母は新たな仕事を探して郡山へと、一家離散していった。当初一家は避難を拒んでいた。一頭の馬が妊娠していたことが理由だった。そして取材中に仔馬が生まれてきたのだが、汚染の喧躁とは無縁な、楚々《そそ》とした顔立ちに見えた。ほんの少しだけ、心が和む気がした。

　放射能は、政治家や御用学者がテレビで「ただちには影響が出ない」と繰り返すその時に、動物たちを人間から引き裂き、謂れのない死に追い込んでいた。それは人間の遺伝子が切断される前に響く序曲のようなものなのかも知れない。人々はすでに自宅を捨て、故郷を失い、家畜やペットと別れ、家族が離散する瀬戸際に立たされた。それは「胃のレントゲン5回分の被ばく」ではけして説明できない、また半端な賠償金で贖うことが不能な被害、人間の存在基盤の「喪失」である。

　ビキニで、セミパチンスクで、ウラルで、チェルノブイリで、繰り返されてきた「生命のつながりの切断」が、いま、フクシマで始まっているのである。

（『GALAC』2011年11月号）

❖ちょっと長い自己紹介──原発に向き合い続けて25年

広島や長崎の出身ではなく、反原発運動に特段の関心があったわけでもない私は、当初はあくまで仕事として原発問題に関わった。

最初に作った原発番組は1987年放送のNHK特集『放射能食糧汚染──チェルノブイリ・二年目の秋』。たまたま目にした「横浜港でトルコ産ヘーゼルナッツから放射能検出」という小さな新聞記事を入口に、前年のチェルノブイリ原発事故で食糧が放射能汚染されたヨーロッパを取材して歩いた。主食であるトナカイの肉が汚染され、食習慣や生活の変更を余儀なくされたスウェーデンの少数民族サミ。汚染されたミルクを乗せた列車がそのミルクのアフリカへの輸出に反対する市民に取り囲まれて立ち往生するなど混乱が続き、脱原発の気運の高まるドイツ。妊娠した女性たちが密かに堕胎に走ったポーランド……。番組は、原子力が暴走爆発して放出された放射能が風や雨、食糧に運ばれて地球規模に広がること、その結果人々の生命と暮らし、そして意識が根底から揺さぶられることを伝えた。

この放送後、日本での原発反対運動は活性化し、それまでは見られなかった、ごく普通の主婦たちがデモや集会に参加するようになった。

89年には盛り上がる原発論議を背景にNHKスペシャル『いま、原子力を問う』と題して3本プラス討論会のシリーズ番組が企画され、私は3本目の『推進か撤退か――ヨーロッパの模索』を担当した。スウェーデンで脱原発政策の舞台裏、自然エネルギーやコジェネレーション技術の開発状況を取材し、ドイツでは政府が依頼した公立の経済研究所を含む5つの研究所が行った脱原発シミュレーションを追った。

この時点で、彼らがすでに地球温暖化問題と放射性廃棄物問題の両方を環境負荷の要素として考慮に入れて計算していたことが印象的だった。反面、編集段階でプロデューサーが発した「自然エネルギーが期待できるような描き方はするな」という言葉に違和感を持ったことを覚えている。

次に作ったのは、住民の反対運動が強まり、原発の建設計画が難航する中で、電力会社が進める立地交渉の実態を探る、90年放送のドキュメンタリー'90『原発立地はこうして進む――奥能登・土地攻防戦』だった。能登半島の先端の石川県珠洲《すず》市にある原発立地候補地の小さな村では、先祖代々ともに暮らしてきた住民が原発誘致賛成派と反対派に分かれ、村祭りもできないほど対立。その陰で、電力会社は金の力で着々と土地を「買収」していた。2000筆の土地登記謄本を入手して建設用地所有者のマップを作成したところ、そこにある広大な公有地の存在から意外な事実が判明する。珠洲市では過疎からの脱却の夢をかけて70年代から国営農地開発事業を起こしたが失敗、参加した農家や自治体に莫大な借金が残された。その借金の返済が「原発誘致」の裏の目的だったのだ。

この番組はその年の「地方の時代」映像祭優秀賞と日本ジャーナリスト会議（ＪＣＪ）奨励賞を受賞したが、私と担当プロデューサーは翌年に関連会社への出向を命じられた。この時代、ＮＨＫの経営委員には電力会社の幹部が入っていた。そう言えば上司から「原発番組ばかり作らないほうがいい」

と忠告されていれた。

だが私は、関連会社に出向してからも原発番組を作った。94年放送のNHKスペシャル『チェルノブイリ・隠された事故報告』はソ連邦崩壊で入手可能となった機密文書をもとに、「事故原因」を中心に原発事故後の情報操作の実態に迫る番組だった。ソ連は当初、運転員の「信じられない規則違反」を事故原因と喧伝したが、実は制御棒の構造的欠陥などが事故の主要な原因であることを知りながら隠していたのだ。隠す動機は第一に市民の動揺を最小限にとどめること、さらに内外の世論に圧されて全土に13基ある同型の原発が停止に追い込まれないようにすること、つまり原子力による電力供給体制の維持だった。この隠ぺいにはソ連のみならず、利害の関わるアメリカ、そしてIAEA（国際原子力機関）も関与していた。ソ連共産党政治局の議事録など多くの公文書をベースにゴルバチョフ書記長、ルイシコフ首相など当時の政治家から官僚、科学者、運転員、事故調査委員会メンバーまで百人以上にインタビューして構成された番組は、12％の高視聴率を取り話題になった。

私はその後、古巣の教養番組部に戻り、99年に日本の脱原発運動を牽引してきた科学者、高木仁三郎さんのライフヒストリーを描いた未来潮流『科学を人間の手に――高木仁三郎・闘病からのメッセージ』を作った。高木さんに初めてお会いした時は、「NHKならそのくらい自分で調べなさい」と背中を向けられ、厳しい人だなと思った。しかし、その後は番組を企画するたびに相談に乗っていただいた。がんを患われてからの最後の日々に何度もご自宅に伺ってインタビューを重ねたことは、貴重な経験となった。直面する矛盾から逃げなかった彼の生き方を彼の言葉で聴けたことは、それからの曲折の中で自分が生き抜く糧となった。

その後、東海村臨界事故の事故原因を掘り下げるＮＨＫスペシャル『東海村臨界事故への道』を制作、事故から4年後の２００３年に放送された。この番組は「ウラン加工会社ＪＣＯの、バケツでウランを溶かすようなずさんな操業」が原因のように言われた事故を、1万ページに及ぶ刑事裁判の資料と関係者の証言から掘り下げ、発注元の旧動燃(現・独立行政法人日本原子力研究開発機構)と安全審査をした科学技術庁にも重大な責任があったことを伝えた。この番組は編集段階から、報道局科学文化部に在籍した記者から「放送すべきでない」など、あからさまな攻撃を受けた。そして翌年、私は放送文化研究所に異動を命じられた。

その後7年間、私は研究職となり放送の現場を離れていた。福島第一原発で3号機が爆発した3月14日、友人から電話で番組制作の応援を要請され、翌15日に現地に向かって以降の経緯が次章である。

《第Ⅰ部　3・11からの5年》

第1章　「放射能汚染地図」から始まる未来

（『世界』2011年8月号）

「あちら」も「こちら」もなくなった

福島での取材から帰り、都心にある職場に久しぶりに顔を出すと、若い同僚が近寄ってくる。「放射線測定器、貸してもらえませんかね。僕の家、ホットスポットにあるみたいなんですよ」。10歳と7歳の女の子のいる彼の住居は千葉県柏市の隣り町。2011年6月の初め、地元自治体が測定したところ、周辺より1けた高い、毎時0・4マイクロシーベルトの空間線量が小学校の校庭で検出されたらしい。

横浜の自宅に帰ると、深夜にも関わらず隣の家の奥さんが訪ねてくる。彼女は3月の事故直後から2カ月ほど、夫を残して3歳の男の子と1歳の女の子を連れ実家のある福岡に帰省していたのだが、挨拶もそこそこに「上の子が通う幼稚園の園庭を測定してくれないか」、「外出するときはマスクをさせたほうがよいのか」と矢継ぎ早に質問してくる。こちらは毎時0・07マイクロシーベルトだから事故前と放射線レベルはあまり変わらない。それなのにこの「心配」、一体何が起こったというのだろう。

ホームタウンでの「想定外」の困惑に遭遇した私は、しばらくしてようやく、この国は丸ごと放射能汚染地帯＝「ゾーン」に入ってしまった、という事実に気が付いた。そこでは汚染レベルの程度差は問題ではなかった。少なくとも東日本ではすでに、特に子をもつ人々の意識の中で放射能汚染の境目は消失し、「あちら」も「こちら」も無くなっているのだ（西日本ではまだ気づかれていないようだが）。

雑誌を開けば、テレビをつければ、放射能汚染の話題で持ちきりだ。電車に乗れば、誰かが「ミリシーベルト」だの「もうじきベントがある」だの、3カ月前まで誰も知らなかったような専門用語を使っている。普通の人々の意識もまた、「ゾーン」仕様にチェンジして、もはや3・11前の世界には後戻りできない雰囲気である。

そして、こうしたモードの創出に、私が多くの友人とともに制作したテレビ番組、ＥＴＶ特集『ネットワークでつくる放射能汚染地図――福島原発事故から2カ月』（２０１１年5月15日、放送ＮＨＫ教育テレビ）が少なからず寄与したようだ。

土壌汚染データの衝撃

愛宕の放送文化研究所（以下、文研）で静かな研究生活を送っていた私のもとに制作現場から電話がかかったのは3月14日、福島第一原発の3号機で水素爆発が起こった直後だった。「急遽、原発事故の番組を作りたいがどうしていいかわからない。すぐに来てくれないか」。かつて机を並べた友人の大森淳郎チーフディレクター（以下ＣＤ）の声には、大事故勃発の切迫感とともに私が7年ぶりに番組に復帰するチャンスを作りたいという好意も含まれているようだった。だが、その日の夜の初会合で彼は仰天することになる。

2年前チェノブイリ原発事故の影響調査で知り合い、12日の1号機の爆発直後から連絡を取り合っていた放射線衛生学の専門家の木村真三さんが、放射線測定器やポケット線量計、マスクなど放射線防護用具一式を携えてNHK放送センターの会議室に到着するや否や、「明日現地に向かいましょう」と提案したからである。木村さんはかつて放射線医学総合研究所の研究官だった時代に東海村臨界事故の調査に向かったが、手続きに時間を取られ、事故直後の土壌や植物のサンプルの採取に失敗、事故解析に欠かせない半減期の短い放射性核種が検出できなかったという。12年前の借りを返したいと、動機を語る木村さんの言葉は熱かった。

私はすでに政府の情報公開に疑問が持たれ始めた中、木村さんとともに、福島原発事故による放射能汚染の実態を独自に調べることが事故の実相を伝える番組につながることを直観していた。しかしそのタイミングは最悪だった。会議室脇のテレビでは2号機も爆発しそうな情勢とのニュースが流れていた。木村さんの熱意とは裏腹に、現地に同行することになる大森CDの顔は青ざめていった。

予想通り、翌15日早朝、2号機から大量の放射性物質が放出された。後に空気中の放射線量が最も多かったといわれるその日に、私たちはロケ車に乗り込み一路福島に向かった。途中、原発から190キロ離れた常磐自動車道の守谷サービスエリアで、測定器は日本の通常の50倍にあたる毎時3マイクロシーベルトの空間放射線を検出。行く手に待ち受ける汚染はもちろん、ホームタウンの東京や横浜にも北風にのった大量のヨウ素131、テルル132などの放射能が襲いかかろうとしていたのである。

3月16日の朝、原発から西に約50キロ離れた三春町の民家の庭で、木村さんは最初の土壌採取を行った。この日は西から東へ、原発に向かいながら途中4地点で土壌や松葉などの植物を採取、また集塵機を用いてエアサンプルを採った。サンプルは木村さんの友人の長崎大学の高辻俊宏准教授、広島大学の静間清教授、遠藤暁准教授に送り、解析してもらった。

三春町の土からは1平方メートル当たり7万ベクレル(3月15日換算)のセシウム137を検出、この値は原発により近い35キロ地点、22キロ地点の土壌よりも高く、チェルノブイリ事故の3年後に定められた汚染地域区分の中の第4ゾーン、健康管理地域にあたる汚染レベルだった。ラフな調査段階だったが汚染は必ずしも原発からの距離に比例しないというチェルノブイリ事故と同じ様相がすでに現れていた。同時に融点、沸点とも3000度に近いため揮発しにくいテクネチウム99mがこの時のサンプルから見つかった。半減期が6時間と極端に短いこの放射性核種を補足できたのは私たちのスタートダッシュの成果だったが、それによってすでにこの時点で炉心溶融が起こり、ウランやプルトニウムなど燃料物質が溶け出していた可能性が浮かび上がった。

最も衝撃的だったのは、木村さんが完全防備で突入した原発から4キロ地点の双葉町山田地区の民家の庭で採られた土壌サンプルだった。1平方メートルあたり1億6000万ベクレルという桁違いの量のヨウ素131に加えて、セシウム137だけで1120万ベクレル、チェルノブイリで居住が禁止され、強制的な移住が行われる第1ゾーンの下限値148万ベクレルの約8倍にあたる極めて濃厚な放射能の沈着が計測されたのだ。その後採取した原発から1・7キロ地点の土壌では、セシウム

137は山田地区の約2・5分の1であったことも考え合わせると、我々の知る限り、阿武隈山系の東裾にあたる山田地区が今回の事故で最高レベルのホットスポット=局部的な高濃度汚染地帯であることは明らかだった。そしてそれが、15日夜半から16日にかけて降った雪によって空気中から地表にもたらされ、大地に浸み込んだものであることも、取材中遭遇した降雪の光景から、読み取ることができた。

飯舘村の汚染を調査した京都大学原子炉実験所の今中哲二助教のコメントを待つまでもなく、放出放射能の全体量の多寡とは別に、局部的な高濃度汚染の存在において、フクシマはチェルノブイリに匹敵する「ゾーン」を生み出したことは明らかだった。

たまたまの西風を背負って原発のある東へと進む僥倖もあって、私たち調査チームは被ばくを最小限度に押さえられたが、いつまた原発で爆発が起こり、大量の放射能が放出される事態になるかも知れないという恐怖感はずっと付きまとっていた。三春町の宿舎に戻ると震災後の物資不足にも関わらず豊かな夕食が出されるので不審に思って主人に聞いてみると、宿の従業員たちが明日から避難するので営業は今夜限り、在庫一掃のサービスなのだと言われた。布団に入ったものの、繰り返し強烈に揺れる余震の中で、私はなかなか寝付けなかった。

番組に寄せられた反響

こうして足で稼いだ独自のデータによって放射能汚染の実態を描いた番組は、放送後大きな反響を呼んだ。ツイッターでは一時「ETV」というキーワードが世界で第2位となるほど話題となり、翌日午前中だけで200件を超す再放送希望の電話が集中、NHKはその日のうちに総合テレビも含めて2度再放送することを決めた。そして見逃し番組をネットで見られるNHKオンデマンドでは1週間で3500回視聴され、大河ドラマなどを抑え断トツの第1位となった。

それにしても通常視聴率1パーセントにも満たない教育テレビの番組が、なぜこれほど人々に支持されたのか。そこには土壌サンプリングに加えて、放射線測定の草分け岡野眞治さんの開発した最新の測定記録装置を用いた放射能汚染地図作成のプロセスへの共感があったことも否めない。また、原発から40キロと離れていながら濃厚な汚染地帯となり、長年かけて築き上げた牧畜や農業をあきらめて移住しなくてはならない飯舘村の人々の怒りと慟哭、60キロ離れた福島市で公園や学校の校庭が汚染され、子どもたちの健康を危惧する親たちが高い基準値を定めた文部科学省を相手に撤回を迫るドラマギーも描かれていた。原発事故が人々から奪うものは、テレビで「御用学者」がいう「レントゲン5回分の被ばく」などという生易しいものではなく、愛する土地、愛する仕事、愛する人々、愛する動物たち、人間の「存在の基盤」そのものであることが伝えられた。

こうした物語の中で、おそらく多くの視聴者にとって新鮮だったのは、報道各社の自主規制の中で、それまで全くといっていいほど伝えられることのなかった原発から30キロ圏内で起こっていた出来事が映像によって語られていたことだったのではないだろうか。

ホットスポットの上の避難民

福島第一原発から北西27キロにある浪江町赤宇木《あこうぎ》地区の集会所に暮らす12人の避難民に会ったのは、

全くの偶然だった。汚染の科学的調査と並行して3月下旬から大森ＣＤは汚染地帯で人間と社会に何が起こっているかを、小型ビデオカメラを片手に現地に足を運んで取材していた。その大森ＣＤとレンタカーの運転手兼放射線測定係りの私は、３月27日南相馬の取材の帰路、偶然に測定器が検出限界に達して振り切れる、極めて放射線レベルの高い場所に差し掛かった。国道１１４号線上の、原発から20キロ地点の昼曾根から30キロ地点の津島にいたる間は、狭い谷が続くが、５分ほどのドライブの間、測定器の表示は検出限界20マイクロシーベルト、つまり19・99マイクロで止まりきった状態が続く。こんなに放射線レベルの高いところには誰も住んでいないだろうと思ったが、念のため尺石《くらべいし》という地名の小さな集落で家を訪ねると、まだ人が住んでいて驚かされた。

玄関の扉を開けると、69歳の天野正勝さんが出てきて、奥さんと二人暮らしだが心臓に持病を抱えるため、制約の多い避難所には行きたくないという。息子家族は松戸に住み、実兄はいわき在住だが地震と津波で存命しているかどうかわからないという。地震で電話が不通となり、ガソリンもないので出かけられず、親族とも音信不通状態なのだという。天野さんは以前松戸で飲食店などを経営、老後にこの地に夫婦だけで移住してきた。眼の前に山の見える景観、少し出かければ温泉もある土地柄が気に入っていたという。居間に上がらせてもらい測定器に目をやると、屋内でも振りきれている。昨日まで軒先に吊るしていた干し柿を出されたときは一瞬閉口したが、大森ＣＤに大きいほうを譲り、さっそく頂戴した。

帰りがけに天野さんから、近くの赤宇木（あこうぎ）というところの集会所に10人くらいの避難民が暮らしていると聞き、早速車を走らせた。

その集会所は国道114号線沿いの、すでに人のいなくなった商店から坂道を上ったところにあった。かつて浪江町立津島第二小学校と呼ばれた廃校のあとに作られた、平屋の小さな木造家屋だった。元は校庭だった広い土の駐車場の上で、放射線測定器はやはり19・99マイクロシーベルトのまま。

集会所に入ると、3組の夫婦と4人の独身男性がいた。リーダー格で、電気工事会社を経営する岩倉文雄さん(63歳)と公子さん(66歳)夫妻は、浪江駅近くの自宅から3月12日朝9時、町の有線放送の指示に従って114号線を北西の津島方面に向かったが、道はひどく混み合っており、19時30分頃にようやく赤宇木の集会所に到着した。150人もの避難民で混雑していたため夫妻はそれから2泊、自家用車の中で寝泊まりし、14日から同じ敷地内にある体育館に2泊した。14日の3号機に続き、15日未明2号機で爆発が起こると、集会所に避難していた人や、地元の人々は町役場の用意したバスなどに乗って二本松方面に一斉に避難、岩倉さんたち数人が入れ替わるように集会所で暮らし始めた。

岩倉夫妻がこの赤宇木の集会所から動かなかった理由は明快だった。子どものいない夫妻は3匹の犬と13匹の猫を飼っていたが、避難先にはペットの同伴が禁じられていたため、泣く泣く自宅に置いてきた。そのペットたちに餌を食べさせるため、3日に一度は自宅に戻りたい。赤宇木はそれができる距離にあった。猫を飼っている吉田稔さん、ゆみ子さん夫妻の場合、猫を連れて逃げたため、普通の避難所では断られると考えて、赤宇木の集会所に残った。犬を連れてきた池田誠一さん、トシコさん夫妻も同様だった。

唯一の40代で独身の佐藤雄一さんは、原発から8キロ離れた自宅で14日の3号機の爆発で上り立つ「キノコ雲」を見て初めて「これはやばい」と思って車で北西に向かったという。夜半に赤宇木に差しかかると坂の上に灯りが見えたので、心惹かれて駐車場に車を止めたという。16日になって仲間に加わったやはり独身男性の末永善洋さんは、海岸に近い請戸地区で危うく津波に巻き込まれそうになった。逃げるときに乗ってきたのは、造園業の仕事で使う重機つきのトラックだった。元路線バスの運転手だった木幡辰雄さんも一緒だった。

集会所の人々は自炊していた。公式の避難所ではないため、役場の支援も受けられず、避難した周辺の農家が置いていった米や野菜、それぞれが持ち寄った食品、それに近くの養鶏場に出荷を手伝いに行ってもらった卵を、調理して、みんなで食べていた。

赤宇木の集会所には、もう一組夫婦がいた。田代澄男さん（65歳）とスミ子さん（68歳）は裏手の体育館に段ボールで幾重にも囲いを作って、その中で暮らしていた。二人で暮らすには体育館は広すぎ、夜は底冷えするのに、なぜここにいるのか、と問えば、「妻は足が悪いので自分でトイレに行かれず、ポータブルトイレを使う。よそ様に迷惑がかかるのでここにいる」と澄男さんが答えた。赤宇木に留まっているのも、町の避難所に行くと迷惑をかける、というのが理由だった。澄男さんは集会所で作ってもらった料理を二人分体育館に運び、奥さんに食べさせ、排泄の世話も甲斐甲斐しくする。その様子を見た大森ＣＤは、「これは棄民だ」とこぼした。

教えられなかった放射線量

赤宇木の集会所の人々が「棄民」であるということ、それは原発事故の避難民でありながら、役場が何も有効な情報を与えず、支援もせずに放置していた、ということを意味する。食糧も支給されなかった。さらに田代夫妻が、二本松などの浪江町民に割り振られた公式の避難所には介護を手伝うボランティアもいるという正しい情報を得られずに、赤宇木に長期滞在して余計な被ばくをしてしまったのもこれに含まれる。

だが何といっても、「役場、警察、消防団、自衛隊など様々な組織から『避難してください』と要請はあったが、一度として放射線量については教えられなかった」と岩倉文雄さんが後日語った事態こそ、もっとも検証されるべき事柄であった。

赤宇木の放射線量を正確に計るため、翌3月28日、私たちは木村真三さんを伴って再び集会所を訪ねた。そこで木村さんのもつ毎時３００マイクロシーベルトまで計れる測定器で計ったところ、集会所の外で毎時80マイクロシーベルト、中でも20マイクロシーベルト。木村氏の試算では24時間屋内退避していたとしても、１日で４８０マイクロシーベルト、３日と待たずに平常時の一般人の年間被ばく限度量1ミリシーベルトを超える高レベルであった。

木村さんは公衆を被ばくから守る放射線防護の専門家としての良心から、集会所の人々にデータを示しながら、その場の放射線量がいかに高いかを訴えた。それは日本の通常の平均値０・０６マイクロシーベルトの１２００倍にあたるのだが、電話も不通、新聞も読むことのできない彼らが唯一の情報源とするテレビで報道される高レベル汚染地、飯舘村の3倍の放射線量と聞いて、岩倉夫妻をはじめ、みな言葉を失った。そして「全然知らなかった。ここは27キロも原発から離れているので安全だと思っていた」とつぶやくのが精一杯だった。

彼らは「早くここを出た方がいい」という木村さんの勧告を受け入れ、２日後の3月30日、２週間以上暮らした赤宇木の集会所を出て、川俣市に向かった。そこで身体や衣服についた放射線のスクリーニングを受けたのだが、園芸業者の末永さんの右手と足から基準を超える放射線が検出され、自衛隊によって温水で全身を徐染された。

その後木村さんは、何カ所か避難先を移動した後に裏磐梯《うらばんだい》に落ち着いた彼らに再会して、赤宇木での行動の詳細を聞きとった。木村さんの試算によれば、２週間の集会所滞在中に彼らが被ばくした放射線量は外部被ばくだけで20ミリから40ミリシーベルトの間であった。

政府はデータを知りながら警告しなかった

それにしても赤宇木の集会所にいた人々はなぜ２週間以上も、自分たちのいる場所の放射線情報を何も知らされずにいたのだろうか。

３月15日に政府は原発から半径20キロから30キロの間を「屋内退避」（自主避難）地域に指定、浪江町北西部の赤宇木や津島はそこに含まれることになった。だがそこが「屋内退避」では済まされない高レベルの放射線に襲われていたことを、実は政府は知っていた。

文部科学省（以下、文科省）のホームページにはモニタリングカーを用いた空間線量率の測定結果が掲載されているが、最も日付の古い３月16日発表のデータを見ると、15日の夜８時40分から50分にかけて、浪江町の原発から北西20キロメートルの地点３カ所を選んで測定が行われたことがわかる。そのうちの１カ所は集会所のある赤宇木地区で、空間線量率は毎時３３０マイクロシーベルト。日本の通常値の５５００倍である。

それにしても文科省はこの異常な数値をキャッチするために、なぜこの地域だけを選んで、しかも夜半に人を派遣していたのだろうか。

その理由は、文科省は当時非公開だった緊急時迅速放射能影響予測システム（ＳＰＥＥＤＩ）の予測を見て、３月15日に放射能が南東の風に乗って原発から北西方向に流れることをキャッチ、３月12日以降、多くの浪江町民の避難先となっていたこの地域の放射線レベルが気になったからと推測される。実際文科省はこのデータを官邸に報告している。

だがアーカイブスのニュース映像を見ると、枝野官房長官は翌日夕刻の記者会見で、この報告に触れながら「専門家によるとただちには人体に影響のないレベル」と語るだけで、それまでに出されていた「屋内退避」を越える警告は何も発しなかった。

これは浪江町からの避難民のみならず、15日から16日にかけて大量の放射能を含んだプルーム（空気流）に襲われた風下の飯舘村、川俣町、伊達市、福島市の人々に対し適切な警告を発しなかった「不作為」ととられても仕方がない。さらに、15日夜から16日にかけての降雪で放射能が沈着し、高濃度の汚染地帯となった赤宇木、津島などの国道１１４号線沿いの集落の住民や避難民に強く避難を勧告しない「不作為」にもつながった。

大森ＣＤがインタビューした馬場有・浪江町長は「国から放射線データについて説明されたことは一度もなかった。役場の職員が３月下旬になって文科省のホームページにデータが出ていることに気付いたが、測定地点の地名も書いてないデータなので信用できなかった」と語っている。

文科省は３月16日以降、30数カ所の地点で測定をし、ネット上で公表していたが、「屋内退避地域」が「計画的避難区域」や「緊急避難準備区域」に再編される4月11日まで、地名を伏せた形にしていた。その理由は「風評被害を防ぎたかったから」と説明されている。

しかし赤宇木周辺には、そのまま放置すれば3カ月もしないうちに原子力安全委員会が避難の基準とする年間50ミリシーベルトの累積被ばく線量を超えることが明らかな高レベルの放射線が存在することを知りながら、なぜ国は、即時避難の警告を直接地元自治体に伝えようとしなかったのか。

動機はおそらく、あくまで「屋内退避」として、自主的に避難する地域に指定したばかりの半径30キロ圏内で、それに矛盾する特別な措置を発動したくないという、お役所的な理由によると思われる。SPEEDIのデータが1カ月近く公表されなかったことに折り重なるように露見したこの「不作為」は、原発事故後の、国の住民の健康への配慮の不在を印象付けた。

ところで、16日の記者会見で枝野長官の語った「ただちには影響ない」という言葉は、事故後の処理作業をする原発作業員などが大量に被ばくした際に出る急性放射線障害を想定する場合に発すべき言葉であり、周辺住民の「避難」の適否を考える際に想定すべきは、数十年後の発がんなど晩発性の障害の防止である。政権のスポークスマンのこの「間違い」ないしは「すり替え」を、会見場にいた記者の誰も指摘しなかったことは情けなかった。

市民による、市民のための情報開示

1999年の東海村臨界事故後に急遽制定された原子力災害対策特別措置法(原災法)の目的は原子力災害において、国民の生命、身体、財産を保護することにあるとされている。だが、福島原発事故では、浪江町長などが証言するように、周辺自治体が政府からの避難指示を直接受け取ることがなかったことが明らかになっており、この法律の定める最も重要な条項「情報伝達」の義務を東電や政府が守らなかった可能性がある。

しかし、そのこと以上に私が気になっているのは、この原災法にはそもそも「公衆への情報開示」をはっきりと定めた条項が見当たらない点である。あるとするならば第27条の定める原子力災害事後対策についての記述だが、1項において「放射性物質の濃度若しくは密度又は放射線量に関する調査」と書かれているが、その調査内容の開示について記した第3項には「商品の販売等の不振を防止するための(中略)放射性物質の発散の状況に関する広報」と書かれている。つまり放射線情報の開示は「風評被害」を防ぐことを目的に行われるとされているのである。

これはいかにも放射能汚染の軽微な中性子線放出事故であったにも関わらず、「干し芋」はじめ茨城県産農産物が風評被害にあった東海村臨界事故を契機にできた法律らしい記述である。しかし、IAEA(国際原子力機関)が安全要件において「緊急事態の期間中においては、公衆に有用で、タイムリーな、真実で矛盾のない適切な情報を提供するため、あらゆる実際的な対応が取られなければならない」と記すように、本来公衆に対する情報開示にはもっと積極的で、重要な意味がある。政府が十分な情報を公開し、それを使って市民が自らの安全を守るための方法を選択できるようにする、それこそが原発事故後に情報開示が行われる本来の目的のはずである。守られるべきは、まずは「公衆の生命、健康」であり、「財産」や「経済」がそれに優先されてはならないのである。

福島原発事故後の政府の情報公開が常に消極的で、それが「風法の精神はその社会に体現される。

評被害防止」という言葉と一体化して正当化されたのは、東海村臨界事故からわずか3カ月で泥縄式に立法された原災法の、情報開示をめぐる基本哲学の貧困に原因があったのではないだろうか。

原災法はその一方で「情報伝達経路の一元化」を重要視している。この情報を一元管理することで正しい情報の伝達に努める、という方針の背後にあるのは「パニックを防ぐ」など社会秩序の維持を第一にする思想であり、チェルノブイリ事故の際にソ連政府がとった統治行動でもある。この考え方は、市民が自主的に正しい判断をすることはありえないとする官僚主義の真髄であり、市民への十分な情報公開と正しい理解の促進だけがパニックを防ぎ、風評被害を防ぐのだという、民主主義社会の考え方の対局にある。

「一元化」の掛け声のもと、事故後、政府機関のみならず、国の関わる研究機関が事故対策に「動員」される形で統制され、研究者たちの自由な調査が禁じられたことは記憶に新しい。私たちの番組の出演者、木村真三さんが厚生労働省直轄の研究所に辞表を出したのは、こうした通達による拘束を脱け出て、福島原発事故の放射能汚染の実態を調査したかったからであった。仲間の研究者たちのネットワークに支えられた木村氏の調査によって、「一元化」の末一般社会に対して閉ざされていた汚染情報は開放され、多元化していった。

木村さんの姿勢は、テレビに跋扈する「御用学者」に辟易としていた視聴者から大きな支持を得た。自分の町の放射能汚染の実態を知りたいと、多くの自治体から汚染地図づくりの依頼が殺到し、また木村さんの調査活動を支援したいとの申し出も相次いだ。

そして番組放送後、「政府に任せていては自分たちの健康は守れない」と思う市民が増加し、測定器を手に入れて自らの手で空間や食品中の放射線を計る人々も現れた。それは「市民による、市民のための情報開示」の始まりである。

　私は同じ光景を24年前、チェルノブイリ原発事故から2年後のヨーロッパで目撃した。国内に汚染地帯のできたドイツ(当時西ドイツ)では食品の放射能汚染を心配する市民が共同で測定器を購入して、毎日の買い物帰りに寄って計ってもらう測定所が各地にでき、汚染情報を共有する「新聞」も発行されていた。この自らの手でつかんだ情報を共有するネットワークは、その後ドイツが脱原発に向かう運動の核に成長していった。

「ポスト・チェルノブイリ」の状況が、いま眼前の日本で蘇っている。「ポスト・フクシマ」と呼ぶべき意識状況の出現である。「放射能汚染と向き合い、その来し方来歴、行き着く先を認識しようとする意識」と言い換えることもできる。

　それは、ドイツが脱原発に向かい、閉鎖社会から一気に情報公開へとむかったソビエト連邦がやがて崩壊していった「歴史の転換点」が、いまようやくこの「東の果てなる国」に到来する予兆なのかも知れない。

第2章　チェルノブイリ事故時の言葉から何を引き出すか

（『科学』２０１１年11月号）

編集部より：七沢氏はチェルノブイリや原子力をテーマにした番組を多数制作されています。（中略）著書に『原発事故を問う――チェルノブイリから、もんじゅへ』（岩波新書、１９９６年）があり、多数の関係者へのインタビューにもとづく貴重な記録となっています。本書に記録された言葉とその背景をたどり、福島原発事故後の日本にとっての示唆を得たいと考えてインタビューしました。

「ただちに影響はない」はウクライナ政府も使った言葉

『科学』編集部（以下、編集部）　『原発事故を問う』の第1章は「パニックを回避せよ」と題され、ソビエト連邦（以下、ソ連）政府やウクライナ政府指導者たちがどのような行動をとり、どのような言葉を語ったかが記録されています。そのなかには、「市民の健康にただちにひどい影響を与えるとも思われない、逆に（恒例のメーデーの）行進をとりやめにしたら市内はパニックに陥るかもしれない」という言葉も出てきます。

これは政治的な決断をする場合に起こることですね。低線量被ばくに大勢の人がさらされるとき、低線量だからといって楽観できることではありませんが、その影響は現れるのに時間がかかります。それはいわば、先延ばしされるリスクです。それに対して、現在の政治を握る人にとっては、目の前の秩序が崩壊することのほうがよほど政治的ダメージが大きい。〝エリート・パニック〟(統治層のパニック)、パニックをつくらないことを考える人のパニックということが言われます。これは、福島で盛んに繰り返された秩序維持のための言説に対しても言われています。

毎年行われていること(メーデーの行進)を普通に見せることが、ソ連(ウクライナよりもむしろソ連)の政治にとって必要だったのでしょう。そのために、将来国民ががんになる確率は、まったくとるにたらない問題とされたのです。

ただし、このときのウクライナには、指導部の中にも心配する人はいました。メーデーの行進についての言葉を語ったシェフチェンコ(事故時、ウクライナ共和国最高会議議長)は、彼女が女性だったことも大きいのですが、家族を逃したり、子どもたちを夏休みのキャンプに繰り上げて送り出したりしました。しかし、ソ連政府は年間被ばく限度量を上げてでも避難させないという措置を選びます。地元であるウクライナ政府は抵抗しきれないのですが、従ったふりをしながら、通常は夏に行うキャンプを5月に行かせて、実を取ったのです。

福島の事故後に日本政府からも同じ言葉(ただちに影響はない)が語られましたが、低線量の放射線被ばくという影響がわかりにくい領域で起こる事柄が、そのわかりにくさこそが利用されて発せられる言葉なのだと思います。

この言葉はよく考えるとおかしい。逆に問えば、「ただちに影響を与える被ばくとは何なのか」。たとえば、チェルノブイリ原発の運転員の中には、責任を感じて大量に被ばくしながら作業をした人がいたのですが、彼らでも2~3週間は生きていました。被ばくによってすぐに死ぬのはまれで、多くの被ばくは直ちには影響は出ないものです。こういう言い方でもって何かを正当化できるかというと、おかしいのです。

『ネットワークでつくる放射能汚染地図』に出てくるのですが、赤宇木《あこうぎ》(福島県双葉郡浪江町)に避難しつつも残った人がいました。多くの人は3月15日にさらに避難したのですが、残った人が何十人もいました。3月15日の北西の風で放射能が運ばれてあの地域の線量が高くなることは察せられていて、文部科学省は夜8時30分すぎに行ってデータを取っています。結局それは、首相官邸には伝えられたのに、そこから地元の浪江町には伝わりませんでした。当時の空間線量は毎時330マイクロシーベルトと非常に高かった。でも、警告は発せられなかったのです。記者会見で問われた枝野官房長官(当時)は、「報告は受けている。しかるべき専門家に相談したところ、『ただちには影響があるとは思われない』という回答を得た」という言い方をしたのです。

この専門家の言説は、よく考えるとおかしいのです。避難基準は、急性障害が出るから避難するわけではない。原子力安全委員会は年間50ミリシーベルトを避難ないし屋内退避の基準としていますが、毎時300マイクロシーベルトあるところであれば1~2週間で50ミリシーベルトを超えてしまい退避基準に相当することは、専門家であれば誰だってわかることであって、それを「ただちには影響を与えないから避難しなくてよい」と言うのは非常におかしなことです。

「ただちに影響を与えるから避難する」のではなく、長期的な影響を考えて避難するのが本来の考え方です。

編集部　同じく第1章には、「住民保護の対策を決める際の客観的な目安となるはずの被ばく許容線量が、国の都合で勝手に変えられる」という状況が書かれています。

まずお断りしなければいけませんが、被ばくは許容できるものではないので、被ばく許容線量という言葉を使うべきではないと今では考えています。このことについては坂田昌一（素粒子論物理学者）が書いています（『坂田昌一　原子力をめぐる科学者の社会的責任』樫本喜一編、岩波書店）。この表現は反省しています。私たちは、被ばくを許容はしていません。

日本でも、一般公衆の年間被ばくの限度量を1ミリシーベルトから20ミリシーベルトに上げるとか、作業員は100ミリシーベルトを250ミリシーベルトに上げるとされ、その理由を「事故だから」としています。国際的に被ばく限度量は事故時の引き上げがそれなりに認められるようですが、これは「事故を許容する」考え方です。いったい、誰が事故を許容したのでしょうか。事故は起こらないと、日本政府や電力会社は言っていました。事故が起こったらこうなるという説明は、一般の人は受けた覚えがないでしょう。起こらないはずの事故が起こってから、限度量を数倍から20倍に引き上げること自体の、社会における正当性があるのか、議論の余地があると思います。

さらにこれは、「事故が起こったら仕方がない」ということを皆に認めなさいという前提に立つ立場です。専門家はしたり顔でこのように言いますが、私のように専門家ではなく社会に足場をおいて見る立場からすると、社会の合意が得られたと言えるのか、はなはだ疑問です。仮に行政官庁からの働きかけで立法府で何らかの議決がなされていたとしても、一般の人びと、とりわけ被災者にとっては、事故がおこったらこうなるという説明を受けた覚えはありません。違和感が残って当然ではないかと感じます。

原発は大量殺戮兵器製造の極秘体制でつくられた

編集部　第2章で「隠された事故原因」では、ソ連の原子力行政のすべてを牛耳ってきたというスラフスキーとソ連科学アカデミー総裁のアレクサンドロフについてのゴルバチョフの証言を興味深く読みました。この二人の「巨人」は、事故で不安な政治家を前に「特にどうってことないじゃありませんか。原子炉の開発には、こうしたことはつきものなんですよ」と言ったというのですね。この言葉には、原子力開発の根底にある傲慢さがみえるように思います。

山本義隆さんがみすず書房から出された『福島の原発事故をめぐって』に感銘を受けました。あくまで私の読み方ですが、科学技術の歴史において、錬金術の時代から、技術の発展と科学・宇宙の原理を見出す人との関係は必ずしも直結したものではなかったのですが、「科学技術」というひとつながりのものとなった最たるものが原子力だったのではないか、と読んだのです。

科学者が指導して国家総動員体制のもとで進められたのが、第二次世界大戦下のアメリカの原爆製造プロジェクトのマンハッタン計画でした。それまでは存在しなかった技術を科学者の強力な指導によって生み出していくというものでした。そのバックボーンに国家があります。極秘体制で巨額の金をつぎ込んで大量殺戮兵器をつくりだしたわけです。同じ思想はソ連にも受け継がれて、クルチャトフ研究所を中心とする核開発体制がつくられました。アレクサンドロフは学術指導者、スラフスキーは政治家として、核開発体制を牛耳るドンでした。マンハッタン計画と同じく、科学者がすべてを創造する体制の頂点に、彼らはいました。その体制そのものが不遜とも言えますし、ソ連の政治体制そのものでもありました。

インタビュー時のゴルバチョフの表情が思い出されます。ゴルバチョフは若造扱いされて、「ミハイル・セルゲービッチさんよ、あなたの演説はよく聞いていますよ」といった調子で言われてしまう。二人はスターリン時代から幾多の政変を生き抜いてきて、国の中にもう一つの国があるような大きな権限をもち、秘密警察ともつながりがありました。

言ってみれば、たしかにこの種の事故は彼らにとって初めてではなく、1950年代のウラル山中での爆発によって大変な汚染地帯をつくってしまったり、1970年代のレニングラード原発において原因がチェルノブイリによく似た事故がありました。これらを秘密裏に片付けたことがあったのです。そういう中で改良されてきたものが、原子炉であり、動力源として使われてきたわけです。アレクサンドロフにインタビューしたときには、チェルノブイリについては話そうとせず、アルバムを出してきて、原子力砕氷船や原子力潜水艦を私に自慢げに見せました。

その間に多くの人の犠牲がありました。社会観がまったく違うのです。これはソ連やアメリカだからではなく、原子力を進める体制そのものが、国家体制そのものであり、この手の大きな科学技術がどうしてもつくりだしてしまう社会像なのではないかと思います。究極の「上から目線」で、民など存在していないのです。「ソビエトで寒い冬を越せるのは誰のおかげだ」といったような気分です。レーニンは「電力は国家なり」と言いました。社会主義がもっていた科学信仰のようなものの一つの帰結でもあり、一方、アメリカも第二次世界大戦後、ソ連に対抗して原子力を西側の同盟の絆にしていくなかで、各国が中央集権的なしくみで原子力を進めていきました。そのやり方そのものの基本的な性格が現れているのだろうと思います。

事故原因は隠される

編集部　チェルノブイリ事故後4カ月経った1986年8月に、ウィーンのIAEAで事故の国際検討会議が開かれます。ソ連を代表するレガソフは、「原子炉のこの驚くべき耐久性、生き残ったその力を見ていただきたい」と言ったと描かれています。福島原発事故後の日本でも、同様な言説が一般の人から聞かれました。

これは、相手が本当のことを知らないから言える言説です。チェルノブイリ4号炉は、原子炉も建屋も完全に壊れており、「生き残ってはいない」ので、これは事実ではありません。

ソ連政府は事故の3日後にスウェーデンから問い合わせを受けて事故を認めましたが、8月のIAEA会議では本当はわかっていた事故原因や汚染の問題を隠していました。会議への参加と発表は、当時は情報公開と受け止められましたが、事故原因や、その後3年して公表せざるをえなくなった、300kmはなれたベラルーシのゴメリ地方の汚染地帯の問題などは、わかっていたけれども隠していたのです。裏では、アメリカもスリーマイル島の時は同じように隠していたと言いながら、情報公開しているように見せかけていたのです。

福島原発事故でも、事故当初は「格納容器があるから大丈夫」と政府は何度も言っています。炉心溶融という言葉は回避しながら、水素爆発が起こったと言い、それでも格納容器は無事だと言っていました。それを真に受けた人が、放射能が多くは出ずに済んで大したものだと思ったのでしょう。

2カ月して東電は炉心溶融を認めて、その後格納容器の破損の可能性にも言及しました。それはよかったという話ではないし、ましてマークI型格納容器の設計に問題があることは、以前から言われていたことで、炉心溶融が起こると堪え切れないと言われていました。しかも、福島第一原発は日本の技術というよりも輸入したものです。物を知らない、あるいは知らされていないと、間違った言説を受け入れてしまう例だと思います。

編集部　チェルノブイリの事故原因は隠され、運転員の操作ミスばかりがクローズアップされてきたということが書かれています。福島原発事故でも、真の原因究明がなされようとしているのか、疑問を感じています。

アメリカで、マークI型を設計したGE(ジェネラル・エレクトリック社)の技術者が告発して公聴会で勇気ある証言をしました。しかし、そのときの原子力規制委員会（ＮＲＣ）の判断でも、マークＩ型を止めて改良せよとはなりませんでした。これは、チェルノブイリの時にソ連には同じＲＢＭＫ型炉が他に13基あったのと同じように、アメリカではマークＩ型原発は相当の数が運転されていて、これを止めるということにはならなかった。

つまり、電力をつくる段階に入って既成事実化した原子炉は、欠陥が発見されたとしても止められなくなってしまう。欠陥を内包したまま走る、ということになります。ここで恐ろしいのは、欠陥があっても公表できないということです。

ＩＡＥＡは原子力を推進する国が集まってつくる機関なので、騒ぎは避けたいと考えます。ＩＡＥＡの会議に来る人たちは、わかっていても大きい声では言いたくなかったということはあったと思います。チェルノブイリ事故当時、西ドイツやイギリスなど西欧で大きな反原発デモが続いていましたからなおさらです。欠陥が公表できないとされることの恐ろしさを一番感じました。『チェルノブイリ・隠された事故報告』（１９９４年）という番組を制作して、行き着いたのはそのことです。

福島原発では、地震と津波で何が壊れたのかの検証が非常に大事です。地震で配管系がやられてしまった可能性を田中三彦さんが言われています（『科学』岩波書店、２０１１年9月号）。冷却材喪失の本当の原因が配管系にあって、非常用電源がつながっていたとしても、対応不能だった可能性は否定できない。耐震性の問題は本当は気づかれていたのではないかとか、いろいろなことが明らかになっていく可能性があります。事故に直結した耐震性の欠陥の隠ぺい、という話もありえることではないかと感じています。

そういう文脈の中で、国や電力会社の不作為を隠すため、運転員の操作ミスが原因だということはいつも言われてきました。スリーマイル島でもチェルノブイリでも言われて、福島でも言われる可能性があります。しかし、仮にそうだったにせよ、操作が悪かったら爆発してしまうような原発があってはいけないのです。

たしかに、弱点や欠陥がむき出しになる方向に操作してしまったということはあります。しかしチェルノブイリ原発では、それを防ぐ運転規則がありましたが、それがなぜ必要かは運転員に説明されていませんでした。たとえば制御棒を一斉に入れることで逆に炉の出力が上昇するポジティブ・スクラムという現象は、炉をつくっている人はわかっていました。チェルノブイリ原発では当時、非常用電源が動くまでの間に、回り続けるタービンの力で発電する慣性運転の実験を行おうとしていて、出力が下がりすぎたので制御棒を一度にたくさん上げてしまった。その操作が、炉がもともともっていたポジティブ・スクラムなどの欠陥があらわれる条件をつくってしまったのは事実ですが、「制御棒を抜きすぎてはいけない」という規制の理由を説明されていなかった運転員にとって、当座の実験の遂行が目標の中で、潜在するリスクにまで考えは及ばないわけです。このとき、運転員を責めるのか、欠陥を抱えていることそのものを責めるのか、冷静な議論が必要ですが、国際的にも十分にはなされていません。あれほどの大きな事故に対して、本当の意味で科学的検証がなされたのかどうか、そのことを訴え続けて亡くなったジャトロフ副技師長ならずとも考えなくてはいけない。

チェルノブイリという大事故に対して、本来なされるべきレビューが中途半端で政治的な衣をまとった形で終わってしまったという不信感が根本的に残っています。それは、ソ連であったから、チェルノブイリであったからというよりも、原子力を動かしていく体制が世界中でそのようなものであって、本当に安全のための解明であったのかどうか、根本的に疑問を感じざるをえないと思っています。

「ＩＡＥＡは国家のための組織。市民のためのものではない」

編集部　第４章「〈チェルノブイリ〉は終わっていない」の中で、ＩＡＥＡのブリックス事務局長（当時）の次のような言葉が記録されています。「ＩＡＥＡとは、加盟国の政府の利益と意向を代表する組織であり、各国の国民や、世界の市民のための組織ではありません。もちろん民主的国家においては、政府は国民の利益を代表しますから、間接的には人々の利益につながるはずなのですが……」。

日本でＩＡＥＡが正義の味方のように思われていますね。国際連合は公平・公正だろうと日本人は思っていますが、必ずしもそうではありません。安全保障理事会を見ても、五大国が拒否権をもつ力の政治の舞台です。確かに、総会でアジアやアフリカの国が演説をしたり議長を務めたり、アフリカ諸国が数の力で議論を左右することはままあります。しかし、本当の本流はそうはなっていません。中東問題、イスラエルの問題、北朝鮮の問題をみても、重要な事柄は政治力、しかも核兵器をもつ国によって左右され、公正とか市民の価値観とは対極にあります。

ＩＡＥＡの目的はわかりやすく、ＮＰＴ（核不拡散）体制を保障する機関です。平和利用する国が核兵器利用に向かわないように査察する。たとえば第二次大戦の敗戦国の日本やドイツは査察を受けてきました。そして一方ソ連とアメリカは、冷戦下でも、ＩＡＥＡにおいてはうまく付き合ってきました。それは双方に利害があるからです。ソ連もアメリカも原子力による同盟強化を図っていて、互いに融通して共同利益を図り、核保有国を増やさないという利害で一致していました。言ってみれば、徹頭徹尾、政治的な組織なのです。

そのような組織が保障する安全や事故検証が政治的でないはずがありません。日本では、こうした組織の基本的な性格や立ち位置から考えるという認識の仕方が、十分ではないのではないでしょうか。「平和利用」なら良いとする心情にもつながるように思いますが、国連ならありがたいとか、日本政府や東京電力は嘘をついても〝国際原子力機関〟ならば頼りになりそうだとか、日本人は表面的な言葉に弱いところがあるのではないでしょうか。そうではないことは、私の本を読んでもらえばわかることです(笑)。

編集部　ＩＣＲＰ(国際放射線防護委員会)も同様に政治的な組織であるという認識が必要であるように思います。

ＩＣＲＰが公表するのは勧告であって、取り入れるかどうかは各国政府の判断に委ねられています。ＩＣＲＰはいろいろな研究を選び統合しています。ＩＡＥＡでもそうですが、参加している学者がみな悪いわけではなく、チェルノブイリの研究についても裾野にはいろいろな研究があります。問題は、それらを統合して要約する段階で生じます。分厚い本報告にはさまざまな研究が書かれていたとしても、「要約」やプレスリリースになると、フレームがどんどん狭くなっていく、ということが起こります。そして、たとえばチェルノブイリの事故後20年に出された報告書では、それまでの予測では含まれていた汚染地域に住む人々の将来のがん死者数５０００人が省かれて、「将来のがん死者４０００人」といったゆがんだ形で報告されてしまう。

実際にはいろいろな研究がなされているわけですが、因果関係がわからないなどと言われて、結局行き着く先では、大騒ぎしたわりには大したことがないと吹聴されたりします。福島でも、そうしたことが吹聴されたり、ひどい場合には、チェルノブイリ事故後に甲状腺がんで亡くなったのは五十数人だと言う人がいますが、本当は裾野が見えないくらい大きな被害があります。他にも時間が経たないと顕在化しない影響があるのですが、単に因果関係が証明されていないだけなのに、なかったことにされる、ということが行われています。

これは科学とは関係のない政治の領域です。「因果関係が証明されない」までは科学の言説ですが、それを「因果関係がなかった」とするのは、科学を踏み越えた政治の言説です。ＩＡＥＡには、科学の言説を政治の言説に組み替える変換装置のようなところがあるのです。それを、不勉強なメディアの記者がむらがってブラッシュ・アップして政治言説化し、それがツイッターで拡散される、ということが起きるのです。

背景に構造の問題があって、軸になる機関が巧みに言説の変換を行うので、世論がコントロールされるという面があります。これは科学ではなく政治なのです。

わからないことをムードで話す危険性

編集部　変換された政治言説を、あたかも科学言説であるかのように語られることが多いと感じます。多いと思いますね。物事を安全側に見るのは大事な立場ですが、このことは、安全側に見る人たちにも思慮が求められることです。どちらの側でも、盲目的あるいは宗教的、あるいは政治的になりがちです(『科学』岩波書店、２０１１年９月号の尾内氏・本堂氏の解説参照)。

社会的にはわかりやすい言葉が科学者に求められますが、それは非常にむずかしいことが多い。低線量被ばくの影響についてもそうですが、相当に慎重な言葉でしか語ることのできない事柄があると思います。まどろっこしいようだけれども、省略したり受けやすくすることを科学者がすると、それ自体が政治化してしまいます。本当に人間がわかっていることから離れてしまってはいけないと思うのです。

科学で言えることと、言えないことがあります。言えないことまで無理をして言うのは無責任です。それを言ってほしいという欲求が一般にはありますが、そこはストイックな立場を堅持するのが専門家の役割ではないかと思います。政治性に絡めとられると、社会的な文脈のなかでの科学の言説の重要性を弱めてしまうと思うのです。

編集部　その悪例が「格納容器は健全だ」という言説ですね。

そうです。見てもいないのにどうしてそう言えるのか、と。自分で確かめていないことを、外部的・政治的な要請によって言ってしまうのは、専門家が倫理的にしてはいけないことです。専門家とは、自分で何かを判断できる人、それだけの技能や資質によって立つ人だと思いますが、原子力を安全だと言ってほしい政治的、国家的、テレビ的要請に応えて言ってしまうのでは専門家とはいえないでしょう。巻き込まれやすいとは思うのですよ、何の確かな情報も持たずにテレビ局に呼ばれて状況を説明されて発言を求められると、周りの空気を読んで言ってしまう。それがこわいから出演しないという科学者にも会いました。何もわからないのにムードで話すということ自体が、非常に危ないことです。

編集部　大きな反響を呼んだ番組『ネットワークでつくる放射能汚染地図』について、聞かせてください。

振り返ると、この番組が目指したのはシンプルな行為で、原発事故が起こった、放射能が出た、それはどの程度のものか実態を調べたい、事故像をつかみたい、ということでした。同時に人間や社会に起こっていることを伝えたいということも含まれるのですが、基本的にはどういう事故かを調べたいということです。

政府が情報を出さなかったですし、現場に行って測ってくるのは大事なことで、ジャーナリストならごく普通の発想です。普通ではなかったのは、私たち以外にそうする人がいなかったということでした。私は当たり前のことをしたと思っていますが、逆に言うと、皆さんが熱心に支持して下さったたこと自体が、今年のメディア状況の特徴だと、メディアの研究者としては思います。
もちろんリスクは大きくて、当時は事故がもっと大きくなる可能性がありました。そのリスクは感じながら行きました。余震もすごかったので、揺れるとこわくて動けないし、お酒を飲んでいてもすぐに酔いは覚めるし。木村真三さんが得がたいキャラクターで、こみ上げる情熱と言うのでしょうか、突き動かされるものがありました。私はチェルノブイリの取材経験があるので、線量を見て自分で判断して、取材チームにひどい被ばくをさせずに帰ってこれるとは思っていました。ただ、何か起こったときの逃げ方は考えていました。

土を取ってきたり、空間線量を測ったりして、初期のヨウ素などすぐに消えてしまうものを計測できたのは良かったです。ざっくりと言ってチェルノブイリの汚染との比較ではどうかとか、汚染がけっこうまばらであるといった、基本的な特徴は3月16日につかむことができました。早い時期につかむことができたのです。雪が降って汚染が大地にしみこむ渦中に現場に入ったことの意義は大きかったと思います。これはチェルノブイリではできなかったことでした。

最近感じたことは、スリーマイル島やチェルノブイリでは、住民が避難する映像がある(チェルノブイリの場合は地元の共産党書記局の広報担当(プロパガンダ映画をつくるような部署)が撮影したものがあったのに、福島では住民が逃げる映像を目にしていないということです(筆者注＝その後、浪江町や飯舘村からバスで避難する映像などが公開された)。テレビカメラや報道が初期に入って撮っていないからです。報道各社に、撤退せよ、入るなという指示があったわけです。組織における組織員保護を否定するつもりはないですが、報道やジャーナリズムには、一大事を世の中に知らせる使命があると考えると、やるべきことをやっていないと言われても仕方がない。ひょっとすると、世界の大事故の報道をならべていくと、極端に福島の原発事故直後の映像が少ないということになって、後世、研究の対象になるということがありえるようにも思うのです。日本はメディアの発達した国なのにと、後々批判的に検証されるのではないか、と。

マスメディアは30km圏内に人を送らなかったわけです。そこは屋内退避ゾーンですが人は住んでいて、なぜそうなっているかというと「直ちには健康に影響がない」から。そのことは垂れ流すように報道しながら、自分の会社の人間は危険だから送らないというのは一体どういうことか、という問いがあるわけです。今後、この議論はきちんとしていかなければならないと思っています。

原発事故を伝えることについて、大手メディアは及び腰と言われる事態が続いたと思います。視聴者は非常に不満、不信を感じました。大手メディアは結局、原子力体制とつながっているからだと見られて、一番強い言葉で言えば「隠ぺいの協力者」とのレッテルを貼られている状況です。貼られていることにすら気づいていない人がたまにいるので大丈夫かなと思うのですが。いろいろな集会に行くと、「マスゴミ」といわれて、信用されなくなったと感じます。

自分たちが公共を担っているという意識があるから、取材の時には無理を言って撮影させてもらったりするわけです。特権的に振る舞うのに、大事なときに何をしてくれるの？　という目でみられるようになってしまいました。

マスメディアが原子力を進める体制と同じフレームに入っているという点で、あたっているところはあると思います。同じフレームに組み込まれていることを、世の中は意識したのだと思います。

第3章

操作された「記憶の半減期」
――フクシマ報道の4年間を考察する

（法政大学『サスティナビリティ研究』Ｖｏｌ．５、２０１５年３月）

「予言」があたった

福島第一原発の事故からまだ4カ月に満たない２０１１年7月、私は都内の大学で開かれたシンポジウムにゲストスピーカーとして招かれ、チェルノブイリ原発事故の取材経験から「放射能の物理的半減期に比べて、人間の記憶の半減期は短い」と指摘した。「半減期」とは元来放射能（セシウムなどの放射性物質が放射線を発する能力）の量が半分に減るまでの時間を指すものだが、このとき私はあえて人間の記憶に援用して、その二つの時間（半減期）のギャップが原発事故で放射能に汚染された土地に生きる人々の将来の健康や生命を左右するファクターになることを伝えた。チェルノブイリでは人々の放射能への警戒が緩んだ事故後3年目あたりから、食物を通じた人体の放射能汚染が進んだからである。以来この「記憶の半減期」と言う含みをもつ言葉は、研究者やジャーナリストの間でひそかな流行となった。[*1]

事故から4年がたついま、残念だがこのときの「予言」は当たったように思われる。まず人間の「記憶の半減期」が短いことは、福島県以外の土地ではすっかり証明済みになった。関東のホットスポットに暮らす人々や根強い関心をもつ一部の市民を除いては、事故の記憶はセシウム134(半減期約2年)並みか、それよりも早く半減期を迎えてしまったようだ。とくに2011年秋に石原慎太郎都知事が尖閣諸島の買い上げを公言し、やがて民主党政権下で国有化に進んで中国との摩擦が激化して以降、日本列島の人々の目は北の震災被災地から南の領有権紛争の海に向かった。追い打ちをかけたのが2013年9月の東京オリンピックの開催決定だ。もはや東京の人々が福島に寄せる関心は激減し、原発事故をテーマとする番組の視聴率が福島と東京で2倍以上違うことも珍しくなくなった。*2

テレビ番組の数はこうした事故の記憶の風化や半減を象徴している。NHK放送文化研究所の原由美子によれば、「原発」、「放射能」、「エネルギー」という3つのキーワードでひろったNHKと民放キー局の全国放送されたテレビのドキュメンタリー番組の数は、事故のあった2011年度には166本あったが、翌2012年度は113本、2013年度には109本と、初年度の3分の2近くに減少している。

内容的にも変化があったことが伺える。とくに「放射能」というキーワードを含んだ番組の数が3年後には半数以下に減少した(91本→44本)ことは、当初報じられた「放射能汚染」の実態にふれる番組や、「放射線の人体への影響」をめぐる番組が停滞していることを感じさせる。他方、福島では日常会話の中で放射能や放射線量、被ばくについて語られることは稀になった。もちろん福島にすむ人々がそのことを忘れたわけではない。とても気になりながらも、法定の年間被ばく限度量1ミリシーベルトをこえる可能性のある場所に隣人たちと住み続け、そこで子どもを育てなければならない環境が、そこで流布される官製、非官製の言説(たとえば「風評被害」という言葉)が、彼/彼女に寡黙であることを強いているのである。最も気になる事柄が語られない中で、事故の記憶が、放射能がそばにあることの記憶の輪郭が、次第にあいまいになったことは否めない。もともと当たらず障らずになりがちな放送番組の数は自ずと減少した。事故原因など原発のサイトでの出来事を検証する番組になるとさらに少ない。

アジア太平洋戦争終結(1945年)、沖縄返還(1972年)、ベルリンの壁崩壊(1989年)のように、どんな社会的大事件でも、年月が経てば報道量は減少する。これは消費財としてのニュースの価値が時間と共に暫減することは止められないからである。

だが原発事故の記憶の風化や半減の場合は、必ずしもその情報やイメージ、焼きついたメッセージそのものの「記憶の半減期」や「賞味期限」だけに拠るのでなく、その問題が孕んでいる政治的、経済的、科学的困難さの中で行われる何らかの「操作」の結果でもあることに自覚的でなければならない。そこに権力が直接的に、間接的に関わっている。すでに指摘した放射能汚染や健康調査をめぐる問題のみならず、住民の避難や除染や帰還をめぐる決定、事故処理の問題……。政策によって住民間の利益が相反し、つながりが分断される「操作」もあれば、メディアコントロールという形の「操作」もあるかも知れない。

後で詳述するが、筆者は「権力」によるメディアコントロールは、福島の事故から1年もたたない2012年1月頃から世論のモードチェンジが企画され、2年後の2014年の暮れをもって完成域に入ったと推測している。[*3] そしてそのプロセスを可能な限りトレースし、考察を行うことが言論と報道の自由を守る立場から必要とされていると感じる。

本稿ではフクシマ原発事故後の、社会的コンフリクト（摩擦）を孕んだ4つのテーマ

（1）放射能汚染
（2）避難（「自主避難」）
（3）人体への影響
（4）事故プロセスの検証

についてメディアはどのような報道を行い、そこに何らかの操作によって事実の隠ぺいや「記憶の半減期」の短縮が図られた痕跡はあるのか否か、テレビ、新聞の報道を中心に個別事例を通じて検証する。

因みに「福島報道」ではなく「フクシマ報道」としたのは、「広島」でなく「ヒロシマ」と表して単なる日本の一地域ではなく、人類初の被ばく体験をした街として世界に記憶を共有される「聖地」あるいは「遺産」であることを願う広島市民の想いに影響を受けている。

1. 放射能汚染の実態を伝える

チェルノブイリ事故以来の原発事故の取材経験をもつ私は福島原発事故発生から4日後にETV特集取材チームに招聘された。その頃日本列島ではすでに、ネットでは原発事故に関する様々な情報が飛び交っていたが、テレビや新聞は政府や東電の発表を伝えるだけで現地で何が起きているかの具体

的な情報をあまり伝えない硬直的な報道を続けていた。現場で起こっていることを可視化して伝える——テレビ報道の原点に立ち返ろうと、ETV特集取材班は放射線衛生学の専門家とともに福島に向かい、測定器で空間線量を計り、土壌や植物をサンプリングして放射能汚染の実態を調査して番組化した。『ネットワークでつくる放射能汚染地図』と題して事故から2カ月後に放送したその番組は教育テレビの土曜の夜10時[*4]という時間帯にも関わらず視聴者から熱烈な支持を受け、アンコール放送は4回を数え、NHKオンデマンドにもアップされた。そして、一時は「大本営発表」と批判されたテレビや新聞、雑誌が、潮目が変わったかのように「実のある」ニュースや番組を量産するようになり、日本列島に一時的にではあるが〝異次元状況〟が生まれた。その頃の様子は第一章にある通りである。

だがそこに書いた「後戻りできない雰囲気」はその後見事に四散した感がある。当時の高揚はいずこやら、いまや日本はすっかり3・11前に後戻りしたかのような有様である。事故後、原発推進行政から「独立」した原子力規制委員会ができ、活断層の調査を厳密に行うなど一時は期待がもたれたが、その後の人事で骨抜きになり、この2年間、54機すべてが停止していた原発も、新規制基準の適合性検査に合格した川内原発を皮切りに再稼働が始まろうとしている(それでも世論調査では50％を超える人がそれに反対し、毎週末にはどこかで原発反対デモが行われる事実は、人々が未曾有の事故を忘れ去ってはいないことを示しているのだが……)。

『ネットワークでつくる放射能汚染地図』はこの間シリーズ化され、全部で7本の番組が制作、放送されてきた。2011年6月の第2弾では取材班の土壌のサンプリング調査により東電敷地外でプルトニウムが発見された事実が伝えられ、8月の第3弾では二本松市を舞台に食べ物などを通じて迫る放射能の影響から子どもたちを守る地元自治体の測定活動や除染実験などが、11月の第4回では『海のホットスポットを追う』と題して、原発から海に流出した放射能が流されて茨城や千葉の沿岸の海底にたまり、底魚を中心に魚介類の放射能汚染を招いている実態が伝えられた。翌2012年3月に放送された第5回『埋もれた初期被ばくを追え』では、チェルノブイリでも深刻化した子どもの甲状腺がんの原因を特定する上で欠かせない事故直後の放射性ヨウ素(I-131)などによる被ばく線量がきちんと測られていなかった現実を出発点に、政府からの情報提供がない中、事故で放出された放射性物質のプルームの流れる先に住民を避難誘導してしまった浪江町の苦悩とそこで始まった甲状腺被ばくの線量評価の試みなどが紹介された。2012年6月の第6回では福島を縦断する阿武隈川、福島から新潟を通り日本海にそそぐ阿賀野川流域で1000点もの土壌サンプルを採って測定、川を通じて移動し、新たなホットスポットを形成する放射能の動きが明らかにされた。

ここまでは、放射性物質の動きを追う科学的な調査と、現地の人々の不安の中の暮らしが織りなされる独自の文体の番組が、入れ替わり立ち替わり多くのディレクターたちの手で連作されていた。だがここから2014年3月に7本目として『ネットワークでつくる放射能汚染地図――福島原発事故から3年』という、第1回番組の取材地で空間の放射線量や土壌の放射能濃度の再調査を行ない、当時出会った人たちのその後を追った番組が放送されるまで、実に1年9カ月の間、1本の番組も放送されない「長い空白」が生じた。

その理由は定かではない。ETV特集では2011年4月からの2年間に24本の福島原発事故関連の番組が放送され『ネットワークでつくる放射能汚染地図』が受賞した文化庁芸術祭大賞や日本ジャーナリスト会議大賞をはじめ、内外のコンクールで17もの賞を受賞している。だが2011年度13本、2012年度11本あった原発関連番組数が2013年度は3本に激減しており、ひょっとするとこの間に制作者たち自身が「記憶の半減期」に入っていたのかも知れない。[*5] しかし、それが「操作」された「記憶の半減期」であった可能性もあるので、確認できる事実だけでも記しておくことにする。

番組が「失速」するまでに起こった最初の出来事は、番組プロデューサーと私が2012年4月に「厳重注意」を受け、取材をともにしたチーフ・ディレクターが「注意」されたことである。理由は取材の舞台裏を綴った番組スタッフの共同著作『ホットスポット』(講談社2012)に私が書いた記述が「上司を批判して傷つけ、日本放送協会の名誉を毀損した」こと、そして1年前の取材で「上司に無断で立ち入り禁止地域に入った」[*6] ことであった。

もう一つの確認できる事実は、NHKの最高意思決定機関、経営委員会の公開された議事録である。2011年6月28日の議事録を読むとその約1カ月前に放送された第1回の『ネットワークでつくる放射能汚染地図』が話題になったことがわかる(参考 http://www.NHK.or.jp/keiei-iinkai/giji/g1146.html)。

その日の経営委員会の席上、視聴者対応担当の理事がインターネット上でこの番組の話題が広がり、子育て世代の女性を中心に多くの反響が寄せられていることを紹介、国際日本文化研究センター教授の経営委員長代行が、原発事故の放射能汚染は国民の関心事なので「政治を変えていく」くらいのインパクトをもつ番組を作っていただきたいと要望した。するとJR九州会長の経営委員が「日本の原発54機が全部止まってしまうと、エネルギーの大危機がくる。これについてはどういう番組を作っておられるのか」と発言、鉄鋼業界出身で後に東電会長となる経営委員長も「国際放送で、稼働している原発の停止について、日本はどう考えているかを国際的なスタンダードで世論をリードできるような政治家や科学者の座談会のような番組をつくってもらえれば」と述べた。

さすがにこのときは記者出身の理事が「(放送法に照らして)個別の番組、放送内容について経営委員の方々から注文を受けるというのはいかがなものか」と窘めているが、その直後「それは別にしてどのようなものが出せるか検討したい」と付け足した。福島原発事故から3カ月しかたっていない時点で、NHKの経営委員会で「原発の停止」が問題視され、それに対して「世論をリードする」ような番組が要望されていた。さらにその後2012年暮れの選挙をへて「原発再稼働」を明言する自民党・安倍政権が誕生し、首相に近いとされる4人の経営委員と記者会見で「政府が右と言ってることを左と言うわけにもいかない」と発言した会長[*7]が就任したことは記憶に新しい。

ところで『ネットワークでつくる放射能汚染地図』にできた空白の1年9カ月で取り組めなかったことは何か。まず関東の汚染状況に手がつけられなかったことがあげられる。群馬や栃木の山間部にある汚染地帯で何が起きているのか、環境は、食べ物は、子どもたちの生活はどうなっているのか。利根川の流域の茨城南部、千葉、埼玉にまたがるようにできたホットスポットでは事故後、市民が自主測定を行い、行政に除染するよう働きかけるなど対策を求める声があがっていた。その実情を伝えることができず、結果的に事故の影響は福島県内に限定されているかのような印象作りに加担してしまった。さらに後述する4万人ともいわれる「自主避難者」たちの抱える深刻な問題、福島県による甲状腺調査など原発事故の被災者にとって切実な問題に取り組むことができなかった。

2.「自主避難」を伝える

テレビのフクシマ報道の中で、避難指示区域から県外に避難した家族や個人はしばしば取り上げられるが、福島市や郡山市など避難指示の出ていない地域から県内、県外への「自主避難者」が取り上げられることは少ない。全国放送されたＮＨＫ、民放キー局の原発関連番組の中で、「自主避難者」が登場する番組は数本にすぎない。

その理由を考えると、第一に「自主避難者」は国が避難は必要ないとする地域から自分の判断で避難をしているため、国に従わない人々、「非国民」とさえ呼ばれる立場にあることである。それでも事故直後、多くの人が国の情報開示に不信感や不満を抱いていた時期にはシンパシーをもたれたが、やがて地元に残った肉親や隣人たちとの間にも溝が生じ、わだかまりが生まれた。筆者も沖縄や東京で会った「自主避難者」からそのことで心に負った傷、孤立感を打ち明けられたことや、逆に福島市内の居酒屋で「自主避難者」を露骨に「裏切り者」とよぶ老人に出会ったこともある。そのような立場の「自主避難者」を取り上げることは地元に潜在する微妙な感情を逆なでしかねず、それにより番組に協力した「自主避難者」たちをさらに立場悪く追い込んでしまうリスクも抱えることになる。

そして第二の理由は、「除染して避難者の故郷への帰還」を進めたい国にとって、福島に住むことの不安を煽る目障りな報道と見えるのではないか、とのテレビ局側の「忖度」である。

しかし４万人におよぶと言われる「自主避難者」の問題は実は根深く、奥深い。

福島原発事故後、国は一般人の年間被ばく限度１ミリシーベルトの20倍の20ミリシーベルト以上を避難基準とした。これはＩＣＲＰ（国際放射線防護委員会）のガイドラインが示す緊急時の年間限度量

20～100ミリシーベルトの下限であり、復旧時の年間限度量の上限をとった数字だが、法に定められた基準が突然に引き上げられ、しかも子どもや妊婦の立ち入りが制限される病院や研究機関の放射線管理区域の基準（3カ月で1・3ミリシーベルト）よりはるかに高い値に納得できない住民は少なくなかった。そしてこの基準値引き上げ自体が「放射線の人体への影響は未解明」のメッセージとなり、避難者たちに帰還をためらわせることになったとも言われる。

経済的な問題も重要である。一人当たり毎月10万円の慰謝料が東電から支払われる避難指示区域からの避難者と違い、「自主避難者」は例外を除くと一人に8万円ほどの一時金しか支払われていない。*8災害対策基本法により避難先の自治体から住居費が支払われてきたがその打ち切り期限が迫っている。夫を福島に残し、母子のみで避難を続ける家族も多く、二重の家計にひっ迫する姿は痛々しい。

事故後3年の2014年3月8日に放送された『NHKスペシャル　避難者13万人の選択――福島原発事故から3年』は、避難指示区域の編成が変わり、一部が避難指示解除になることを期して制作された。そこでは田村市都路地区の避難指示が解除になるが、放射線の子どもへの影響が心配で帰還しない家族などが紹介される。そして指示解除後は彼らは慰謝料が支払われない「自主避難者」になることが示される。避難者に忍び寄る貧困と疲弊を予想するかのように、妻子が山形市に「自主避難」した家族が登場する。平日を過ごす福島市から毎週末山形に車で通う夫には疲労がたまり、心身が擦り切れそうだ。この番組はNHKが「自主避難」の問題と向き合い、全国放送したほぼ初めての番組だった。放送後担当ディレクターのもとに多くの感想が寄せられたが、その中に「なんで3年もかかったんだ。遅すぎる」という声があったという。

一方「自主避難者」も原発事故被災者として救済しようという法律が２０１２年６月に超党派の議員たちの努力で成立した。「福島原発事故・子ども被災者生活支援法」[*9]と呼ばれるこの法律は、チェルノブイリ原発事故の５年後にウクライナ、ベラルーシ、ロシアの３国でできた通称「チェルノブイリ法」[*10]を手本とし、自主的に避難した人も、地元に残った人々も、ともに原発事故の被災者として健康診断や医療などの健康面で、住宅費などの生活面で国の支援を受けられることを本旨としていた。「理念法」とされ、成立時には基準となる線量や被災者が受ける具体的な援助内容は記されておらず、1年後に国が「指針」を出して具体策を示すとされていた。ところが1年以上たってから示された「指針」は県内33市町村を「支援対象地域」とは定めたものの、線量の特定がなされず、チェルノブイリ法と同じ「年間1ミリシーベルト以上」の地域設定を求めた市民団体などは失望した。そして最も関心の高い健康調査についても福島県外での実施は盛りこまれず、関東など県外の汚染地帯の住民や「自主避難者」たちには冷淡な結果となった。

民主党から自民党への政権交代があったとはいえ、いやしくも立法された法律が実質的に宙に浮く事態は由々しく、ＮＨＫではＥＴＶ特集などが番組化を構想したが、結局「チェルノブイリ法」を詳細に紹介する番組を放送するに留まっている。[*11]この問題はいまだ未解決で、テレビを通じて国民に問題の所在が十分に伝えられないため、「記憶の半減」どころか「意識化以前」である。だが新聞では毎日新聞の日野行介記者らが綿密な取材を続け、「子ども被災者生活支援法」が政治家や官僚の思惑で換骨奪胎されていく過程を、政策担当者たちの腐敗ぶりも交えて検証している。[*12]

事故から時間がたつにつれ、一時青息吐息だった国の側の立ち直りが進むと、様々な内的、外的

「操作」によりテレビのジャーナリストたちの活動は難航し、国家権力の誤りを正す姿勢や覚悟において、新聞記者の存在が優って見えはじめている。

3. 人体への影響を探り、不安に寄り添う

原発事故で大気中に放出された放射性物質は雲に乗り風に運ばれ、雨や雪にのって地上に落ちて大地や森林など環境を汚染する。植物にははじめ表面に付着し、その後は土壌から移行して入り込み、汚染を招く。動物はその汚染された生物を食することで汚染される。こうした放射能汚染の動きを追う番組は、よほどの事実の間違いがない限り、それほど神経質な批判や告発を受けなかった。正しく測定され表示される放射線量は否定のしようのない事実であるからだ。

だがテーマが、その放射線による被ばくが人体にもたらす影響に及ぶと、メディアの報道にはそれまでとは違うバイアス(圧力)がかけられる。28年前に起きたチェルノブイリ原発事故でも各国で報道内容がその国の保健行政に関わる放射線影響学などの専門家たちによって批判されたり、否定されている。福島でもそれは起こった。

その原因の一つは放射線による被ばくが人体にもたらす影響を評価するには様々な計算が必要であることにある。まず被ばくは環境中の放射線を身体の外側から直接受ける外部被ばくと、呼吸や食物摂取で体内に取り込んだ放射性物質が発する放射線による内部被ばくに分かれるが、滞在した場所の放射線量率に時間を乗じることを総計して得られる外部被ばく線量と違い、内部被ばくの場合、影響を評価して線量を割り出すのに特定の算出式や係数を用いる。その妥当性をめぐり専門家の間で論争

がある。他にも低レベルの放射線による影響の評価が専門家の間で大きな隔たりがあるなど、科学者間の論争が続いている。そんな中で、国は市民生活を規定する放射線防護の基準を決定し、それによる秩序を維持する責任をもつことになる。それは自ずとそのバックボーンをなす科学者たちを決めアドバイザーとして重用することにつながる。アドバイザーとなった科学者たちは国に成り替わり、秩序を保とうと異説を排除することになる。広く市民に影響力をもつメディアが彼らの監視対象になるのはそのためである。

《NHK会長への手紙》

２０１２年１月、ＮＨＫの松本正之会長（当時）あてに一通の手紙が届いた。エネルギー戦略研究会会長など３名を代表とし、三菱重工、日立製作所、東芝など原子炉メーカーや電力会社のＯＢ、日本原子力学会員など科学者、技術者99名が賛同者として名を連ねるこの手紙の冒頭には、「ＮＨＫ総合テレビ　追跡！　真相ファイル番組（２０１１年12月28日放映）『低線量被ばく　揺らぐ国際基準』への抗議と要望について」と書かれていた。

前年の暮れに放送された当該番組は福島原発事故後市民の関心の高い低線量被ばくの人体への影響について、被ばく限度量の基準づくりなどで影響力をもつＩＣＲＰ（国際放射線防護委員会）は「低線量被ばくのリスクを過小評価している」とし、加えてチェルノブイリ事故後のスウェーデンでがんが多発し、アメリカの原発周辺で脳腫瘍と白血病が増えていることを伝える内容であった。手紙の差出人たちは、番組がＩＣＲＰを批判する根拠となったＩＣＲＰ事務局のインタビューは「低線量被ばくのリスクを半分にしていることが妥当なのか議論している」と日本語吹き替えされているが、実際に使われた英語「ＤＤＲＥＦ」は線量・線量率効果係数のことであり、番組の訳「低線量被ばくのリスク」とは意味が異なると指摘している。ＤＤＲＥＦは線量（時間積算値）が同じでも、線量率（単位時間当たりの線量）が違うと「放射線の生物影響」が異なることから用いる係数で、原爆のような1度に大量被ばくしたケースでの線量評価を、総被ばく線量は同じだが長期間原発で働く労働者や放射能汚染された土地で長年にわたり被ばくした人たちの影響評価にあてはめる時の補正に使われるという。事務局でインタビューを受けた人は、「ＩＣＲＰが1977年から2のまま据え置いているその係数が国際的に議論になっている」と述べたのに、番組は「低線量被ばくの影響が半分に過小評価されている」と伝える意図的な間違いを犯した、というのである。訴えは、番組後半のスウェーデンやアメリカのケースの報道の信憑性にも及んだが、中核はこのＤＤＲＥＦという言葉の「翻訳における意味のすり替え」批判であった。そして「最後に」として「今回のＮＨＫ報道はわが国における汚染地域の放射線防護の基盤を根底から覆す惧れのあるものであり、そのことは、環境修復や避難民（ママ）帰還のハードルを著しく高めることになり…（中略）…結果として年間放射線量が20ミリシーベルト未満の区域に今なお住み続けておられたり、あるいは除染が済んで20ミリシーベルト未満の避難指示解除区域になったら避難先から帰ろうと考えておられる福島県の住民自身を一層不安に陥れ、復帰を断念させることを大変危惧します」と書かれていた。

福島県の住民の名を借りているが、「除染と避難者の帰還」による問題解決を目指す国の政策に反する報道でけしからん、いまなら差し詰め「国益を損ねている」とでもいわんばかりの恫喝に見える。

これに対しNHKは手紙の差出人たちと直接会って「意見交換」をしたが、納得されず、差出人たちは5月には丹羽太貫・京都大学名誉教授（当時）を筆頭にした8人のICRP日本人委員の連名でBPO（放送倫理・番組向上機構）に提訴した。今度の文面ではNHKの番組がICRPの名誉を傷つけたことが問題視されていた。

BPOはこの提訴について審議入りをせず、却下した。従ってこの問題はそれ以上進展しなかった。しかし遠からずの立場で見ていた目からすると、この件が現場の制作者たちに少なからぬ動揺をもたらしたのは確かである。成り行きが編集室などで噂になる機会は多かった。

あえて私見を述べるならば、もちろん正確さを欠く紹介の仕方には問題があるが、作家・室井祐月がリポーターをつとめる夜10時からの30分番組で、放射線の影響に関心の深い子育て世代の女性たちにも理解してほしいとわかりやすい言葉に翻訳したことが攻撃対象になったことに後味の悪さが残る。DDREFを35年近く「2」に据え置いてきたことは、ドイツはじめ諸外国がそれより低い値に変更する中で、結果としては長期にわたる低線量被ばくの影響を相対的に低く見積もることにつながる。それを簡略化して述べることは厳密な科学の言葉としては間違いかも知れないが、限られた時間の中で一般人も共有できる、煎じつめたところの大きな意味合いにおいて間違いではないのではないか、そんな思いで見守っていた。

それ以上に不気味なのは、2012年1月に連名状をNHK会長に送った102名のいわゆる「原子力ムラ」の人々の名前に見覚えのある名前が多かったこと。彼らは過去のさまざまな原発番組のたびにまるで誰かに動員されたかのように連名の手紙やメールを番組担当者に送りつけてきた「常習者」たちである。あくまで推測だが、「社会に影響をもつメディアの科学的誤謬を正す」という当人たちの思いとは別に原発事故の年が明けた新年を期してこのアクションを企画した人間がいて、原発事故を報じ続けるメディアに反撃の狼煙を上げようと謀ったようにも思われる。

《健康調査をめぐる確執》

こうしたメディアへの圧力をよそに、福島原発事故による被ばくの影響を心配する声は県内、県外で高まっていった。それは前項でのべた放射線防護や放射線医学の専門家たちの説得にも関わらず静まらない。逆に権威を嵩にきた上から目線の言説への反発でさらに増幅されていた。その象徴は長崎大学から福島に出向き、福島県立医科大学の副学長、および福島県のアドバイザーに就任した山下俊一教授であった。甲状腺の専門医でチェルノブイリ原発事故の被災地で長年調査研究に携わった山下教授は、事故直後から福島各地で講演し、「100ミリシーベルト以下の被ばくでは健康に影響は出ない」など県民が安心するような言説を繰り返し、最初は受け入れる住民も多かったが市民が放射線の知識を持ち始めると、次第に子どもをもつ親を中心に「信用できない」「国に頼まれているのでは」「我々をモルモットにして研究データが欲しいだけ」の声が広がっていった。

被ばくの影響を心配する県民の声にこたえるべく2011年6月、福島県が県民健康管理調査（KKK）を開始し、その実行主体を福島県立医大が担うが、その調査結果を客観的に検討する第三者委員会の座長に医大の副学長でもある山下俊一教授が就任したため、検討委員会の正統性に疑問が投げかけられた。当初非公開だった検討委員会は次第に一般公開されるようになったが、前節でも紹介した毎日新聞の日野行介記者が公開の検討会に並行して秘密会が開かれ、情報公開に関して事前のすり合わせ、根回しをしていた事実を暴露すると、一層信頼を失うことになった。調査はまず住民の事故後の外部被ばく線量を推計するためのアンケート（基本調査）で始まったが、県民の反応は鈍く、回答率は20％を切った。（２０１４年10月末現在で26・９％）

やがて２０１１年10月、もっとも心配される甲状腺がんの検査が事故当時18歳以下だった住民を対象に始まった。検査は避難指示地域の大熊町、双葉町、浪江町などの13市町村、福島市、二本松市、郡山市など中通りの12市町村、いわき市や須賀川市、会津などの34市町村の順番で行われ、２０１４年10月31日現在、29万６５８６人が受診（受診率80・７％）し、判定結果のでた子どものうち48・５％から「嚢胞」「結節」などが見つかり、84人からがんが発見された。[*13] だが福島県はこれを「放射線の影響とは考えにくい」としており、それに対して疫学の専門家はじめ福島県内、県外で疑問の声があがっている。当事者でなくとも気になってしかたない問題が顕在化しているにも関わらず、テレビのこの問題への反応は鈍かった。ＮＨＫは２０１４年の暮れまでは全国放送で正面から取り上げてこなかった。[*14] 健闘が光るのはテレビ朝日、報道ステーションが事故から3周年の２０１４年3月11日に放送した特集「わが子が甲状腺がんに……原発事故との関係は」であった。甲状腺がんにかかり手術をした当事者や肉親の姿が映らないのは可視化が求められるテレビにとって痛いが、差別される怖れや周囲の目が気になる福島の現実がそうさせている。この番組の優れた点は福島県や環境省が「原発事故後の放射線被ばくによるものではない」とする論拠をつぶしていった点にあった。たとえば「チェルノブイリでは事故から４年後から甲状腺がんが増加している」という論拠に対しては現地の医療機関に出向いて、「事故直後は医療機器が不足し、甲状腺を発見するのに触診に頼っていたが、４年目から外国の援助で超音波診断器が配備され、がんの発見が進んだ」とする証言を撮ってきた。がんの発生はそれ以前から進んでいた可能性があることを指摘したのである。何でもチェルノブイリを持ち出して反論に蓋をしようとする医療権威主義を足払いにする、好リポートだった。[*15]

しかしこの問題を継続的にしっかりと報じてきたのはむしろ中小メディアやフリーランスのジャーナリストたちである。インターネットでドキュメンタリーなど動画を配信するＯｕｒＰｌａｎｅｔ《アワープラネット》・ＴＶ《ティービー》は、この福島県民健康調査検討委員会の模様を毎回撮影してウェブサイトにアップ、環境省主催の「住民の健康管理に関する専門家会議」もふくめ、テレビが報じない地味だが重要な会議に誰でもアクセスできるようにしている。また代表の白石草は被ばくの影響が顕在化したウクライナに出向き、学校や家庭で子どもたちを守るためにどのような健康プログラムが行われ、国からどのような支援が行われているかタイムリーにリポートしている。[*16] 知りたい情報をオンデマンドでとることができるＯｕｒＰｌａｎｅｔＴＶはマスメディアの報道に物足りなさを感じる市民たちにとって、いまや重要なメディアになっている。

自主映画も敏感である。日本在住13年のアメリカ人イアン・トーマス・アッシュは事故から11日後から福島の伊達市や南相馬市に入り、放射能汚染におびえながらそこに住み続ける子どもたちや母親たちの毎日を小型のビデオカメラで撮影した。すでに国内でも海外でも公開されたアッシュの映画『Ａ２－Ｂ－Ｃ』に登場し、我が子の通う学校周辺のホットスポットを調べ、県の甲状腺検査の結果にも不安を隠せない母親たちの姿は、テレビが描かない汚染地帯の日常を映し出しており、テレビ制作者の端くれとして見ていて恥ずかしく思った。

4．事故プロセスを検証する

ここまでは、報道の対象は「事故により放出された放射能のもたらす被害」、つまり事故の結果に関するものであったが、「そもそもなぜ事故が起こったのか」、「事故はどのような経過をたどったのか」あるいは「事故処理はどのように行われたか」については、情報源、取材対象が東京電力と当時の官僚や政府関係者などに限られるため、取材は一段と困難さを増す。

テレビでこの課題に応えているのはNHKスペシャルの「メルトダウン」シリーズだ。２０１１年12月８日に最初の番組『シリーズ原発危機　メルトダウン――福島第一原発事故　あのとき何が』では、独自取材で様々なデータを入手し、津波がどのように発電所を襲ったか、核燃料のメルトダウンはどのように進んだかをCGなどで再現、さらに中央制御室のセットをつくり、電源を喪失し照明がない暗がりで、通信機器が壊れ情報連絡が出来ずに苦闘する作業員たちの姿をドラマで再現した。

その後、２０１２年7月31日に『メルトダウンⅡ　連鎖の真相』を放送、ベント弁が開けられない中、原子炉圧力を下げられず、注水が遅れて炉心溶融を招いた失敗の連鎖を検証、２０１３年３月10日には政府事故調査委員会の報告書発表に合わせて『メルトダウンⅢ　原子炉〝冷却〟の死角』で１号機の非常用復水器が停止して最初のメルトダウンが始まった背景を追求、『メルトダウンⅣ　放射能〝大量放出〟の真相』（２０１４年３月16日）では、無線ボートを使った科学者たちの実験などにより原子炉格納容器からの放射能放出のルートやメカニズムを解明し、『メルトダウンV　知られざる大量放出』(2014年12月21日)では政府事故調の報告にはない、3月15日以降に起こり、関東に汚染をもたらした放射能大量放出の実態に迫った。

報道局科学文化部を中心にNHKが総力をあげたシリーズは依然として未解明の巨大事故の真相に一歩ずつにじり寄る迫力がある。ただし、東電の情報公開も政府事故調の報告も中途半端にしている3月15日早朝に2号機であった「東日本が壊滅するような危機」の真相など、事故の核心に触れる報道はまだこれからのようである。[*17]

《公開された『東電テレビ会議』の映像》

地震のあとの津波で全電源が喪失した後、1号機、3号機、2号機と次々と冷却不能となって炉心溶融が起こり、水素爆発が起こって迷走していく福島第一原発。事故を収束させるべく免震重要棟の対策本部に陣取って奮闘する吉田昌郎所長以下現地スタッフと東京の東電本店の幹部たち、ときどき響く首相官邸からの指示……事故に直面し、異様な緊張と焦燥に支配された人々の赤裸々な姿が映像と音声で浮かび上がるのが映画『報道ドキュメント　東電テレビ会議』である。東電が東京の本店、福島第一原発、福島第二原発、柏崎刈羽原発、大熊町にある福島オフサイトセンターを結んで行っていたテレビ会議の録画映像で、東電が公開した映像の中で音声のある事故後の3月12日22時59分から3月15日0時6分までの49時間をつないでつくられた。映画はOurPlanet・TVの手で東京都内や新潟などで自主上映され、観客に強烈なインパクトを与えた。この映像は東電が2012年10

月以降に公開した800時間をこえるビデオ映像の一部で、公開されたビデオ映像は事故プロセスを検証する重要な証拠として政府事故調査委員会や国会事故調査委員会でも用いられた。

筆者が取材したチェルノブイリ原発事故(1986年)や東海村臨界事故(1999年)では、刑事訴追をめざす警察や検察により強制捜査が行われ、多くの証拠物件が集められた。東海村の場合、2年にわたる刑事裁判の後にそれらが公開され、事故直後に行われた政府の事故調査ではわからなかった事故の細部、事故の背景が明らかにできた。[*18] 福島原発事故ではまだ東電への強制捜査も刑事訴追も行われていない。[*19] だが事故処理当事者の肉声が刻まれた「テレビ会議映像」という前の二つの事故の時にはなかった第一級の資料が、ジャーナリストたちの粘り強い交渉の末に公開された。それはまさしくコックピット内の会話を記録したボイスレコーダーが航空機事故の原因究明の有力な証拠物件であるように、原発事故の解析に欠かせない一次資料であった。

その交渉の中心にいたのが動画投稿サイト「ニコニコ動画」の政治担当部長・七尾功[*20]と朝日新聞の記者・木村英昭[*21]である。木村が同僚でデスクの宮崎知己[*22]と共に編んだ『福島原発事故　東電テレビ会議49時間の記録』(岩波書店、2013年)によると、事故後すぐに存在が知られた「テレビ会議映像」は2011年5月にはじめて公開を求められたが東電は応じず、1年後の2012年6月の定例記者会見で木村や七尾が公開を求めて押し問答しても渋っていたという。転機は6月末、東電株主訴訟の代表団がこのビデオ映像の証拠保全請求を東京地裁に申し立てたことだった。朝日新聞がそれを報じると翌日の東電記者会見では報道陣から公開を求める声が殺到、やがて経済産業大臣だった枝野幸男が朝日の単独インタビューに「従来、私は出せといっていた。出さない意味がわからない」と答え、国会でも取り上げられたため、ついに東電は公開に動いたのだという。ただし東電は社員のプライバシー保護を理由に「ピー音」やモザイクをかけた。また公開も当初は報道陣に限ろうとしたが、木村たちはこれを押し返して全部の映像ではないが一般人にも視聴できるようになった。

木村は前掲書でこの仕事に取り組んだ動機として、まず同時期に調査の期限が迫っていた政府事故調、国会事故調の調査内容に不満だったことを上げている。具体的には木村は前年から追っていた2011年3月15日早朝、福島第一原発2号機で格納容器の爆発が懸念され、多くの所員が原発から「撤退」していた事実に事故調が迫ろうとしないことに失望していた。木村の主張するこの事実はその頃、それを証言する菅直人元首相などと、「全員は撤退していない」と否定する東電の間で水掛け論になっていた。そこに切り込もうとしない二つの事故調は「触らぬ神に……」の及び腰に見えた。そこで木村はこう見得を切っている。

「事故調は事故調でおやりになればいい。私たちは私たちの手でこの事故の検証を進める」

この「突破精神」が次項で語る新たな報道と「事件」につながるのだが、次の木村の主張に、私はジャーナリズムの新しい姿を感じる。

「これ(東電テレビ会議映像)を入手し、万人の目に晒すことで、身落とされたものが判明するだろう。私たちが身を置く朝日新聞社だけではなく、他の報道機関やフリーランスもこれを利用して、検証報道すればいい。何よりも事故に関心を寄せる数多の市民の目が入ることで、私たち報道機関の人間も気づかなかったことが判明する」

「特ダネ主義」という会社ジャーナリズムの陥りやすいタコ壺に甘んじるのではなく、広く他メディアや市民に開くことでそこから生まれるもっと大きな果実に期待する。アメリカでいま広がる、新聞社など旧来の枠を出た調査報道のプロがＮＰＯに集まり、ネットを主戦場にラジオ、テレビ、雑誌、新聞など様々な既存メディアとコラボレートする非営利ニュースメディアを彷彿とさせる。*23 ニコニコ動画の七尾功や市民運動との連係で東電にビデオの公開を迫り、ＯｕｒＰｌａｎｅｔ・ＴＶの白石草とのコラボで映画化し、岩波書店の渡辺勝之とともに書籍化して記録に残す。まさにマルチメディアでスクラムを組んだ情報公開運動だった。木村と宮崎はこの一連の活動で２０１３年度の石橋湛山記念・早稲田ジャーナリズム大賞の公共奉仕部門奨励賞を受賞している。そして木村と宮崎の仕掛けは、見えない事故処理の意思決定最前線を可視化したことで事故の底知れなさを再度印象付け、ここまでは、日本人の「記憶の半減期」を引き延ばすことに貢献していた。

《「吉田調書」報道と「取り消し」事件》

原発の事故処理過程の真実を追う朝日新聞の記者、木村英昭は２０１３年秋、ある文書を手に入れた。全文４００頁と分厚いその文書こそ、後に「吉田調書」と呼ばれ、日本ジャーナリズム史に残るであろう数奇な事件を招来することになる。

「吉田調書」(正式には「聴取結果書」)とは政府事故調査委員会が事故当時に福島第一原発所長だった吉田昌郎(２０１３年7月死去)に対して実施した聞き取り調査の記録である。聴き取りは２０１２年の7月から11月にかけて延べ40時間以上にわたり行われた。全電源を喪失して制御不能となるという、未曾有の原発事故を前に悪戦苦闘する現場指揮官の「肉声」が記録されている。事故と事故処理プロセスを検証する上で欠かせない第一級の資料である。だがこの文書を政府は「非公開」の扱いにした。東電関係者や政府関係者を含む他の771人の「聴取結果書」も同様に公開されなかった。

数奇な運命を招来したのは朝日新聞2014年5月20日付朝刊の一面トップに構えた記事だった。「吉田調書」を入手したことを伝える記事で、紙面の横に張り出した見出しには「所長命令に違反原発撤退」とあった。2011年3月15日早朝、福島第一原発2号機ではベントができず、前夜から高まる原子炉内の圧力を下げられないため、原子炉への注水ができない膠着状態が続いた。最悪、格納容器の爆発と大量の放射能放出も覚悟した吉田所長は15日朝6時すぎに「大きな衝撃音」を聞くと、前夜からの計画通りに所員を第二原発に避難させる準備を実行に移した。ところが吉田所長がいた福島第一原発の免震重要棟の緊急時対策本部では放射線量が上がらなかった。ここで吉田所長は指示・命令を変更した。つまり、すでに移動準備に取り掛かっていた所員に、第二原発ではなく、すぐに事故対応に戻れる第一原発周辺の線量の低い場所に一時退避することを「命令」した。ところが所員の9割にあたる650人がそれに反して約10キロ離れた第二原発に移動した、と指摘したのである。

福島原発事故最大の危機に際して東電が「撤退」した問題を、事故後3年越しで追ってきた木村と宮崎が放った渾身の大スクープであった。

「原発事故では現場にパニックが起こり、作業員たちが逃げ出すこともあるのだ」

筆者も記事を読み、あらためて人智が及ばない事故の深淵を垣間見る思いをした。

ところが記事掲載から約4カ月が経った9月11日、事態は思わぬ展開を見せた。朝日新聞社の木村伊量社長(当時)が突然記者会見を開き、記事を「取り消し」たのだ。記事は木村社長から「間違った印象を与えた」と批判され、幻のスクープとなった。何が起こったのか、記事掲載後の動きを時系列で整理してみよう。

①2011年5月21日　東電の広瀬直己社長が衆院経済産業委員会で従前どおり「撤退はなかった」として報道内容を否定。

②同年6月以降、ノンフィクション作家の門田隆将が朝日の報道を批判するブログを掲載、門田は生前、吉田所長にインタビューしたという。

③同年8月、産経新聞や読売新聞などが「独自」に次々と、「吉田調書」を入手したと報道。「(読んでみると)調書には違反も、全面撤退も書かれていない」と朝日新聞の報道への反論を展開した。

これに対して朝日新聞は当初は「記事は正しい」という姿勢を堅持した。批判するジャーナリストやメディアに抗議文を送り、抗議した事実は紙面でも公表していた。ところが、9月11日に開かれた記者会見では一転して木村伊量社長が「『命令違反で撤退』を取り消す」と発言、「謝罪」したのである。

社長のこの不可解な行動の背景には、見落としてはならない出来事が二つあった。

一つは記者会見のおよそ1カ月前の8月5、6日に紙面で「過去の従軍慰安婦報道の誤り」の検証結果を発表したことである。このとき検証紙面で「謝罪」をしなかったために、「長年誤報を放置して国際社会における日本の名誉を貶しめたことへの反省が足りない」と批判にさらされた。二番目の出来事は、朝日の対応を批判するジャーナリスト池上彰氏の9月2日のコラム記事を不掲載にして、広く世論の批判を浴びたことである。9月11日の木村社長による「吉田調書」の記事取り消しと「謝罪」は、この二つの失策が重なって追い込まれた末の、窮余の策であったといわれる。[*24]

木村社長は記者会見で「吉田調書」報道について、「①記者の思いこみがあった②社内でチェック機能が働かなかった」ことの2点を挙げ、関係者を厳正に処分すると語り、社外の識者からなる第三者機関であるPRC（報道と人権委員会）[*25]に検証を委ねた。そして「取り消し」会見から2カ月後の11月12日、PRCは「記事取り消し」は「妥当」との「見解」を報告し、「報道は（現場作業員などの）裏づけ取材がなく、公正で正確な姿勢に欠けた」と指摘した。その直後、木村社長は辞意を表明。11月の末には、「吉田調書」をスクープした記者たちの懲戒処分[*26]が発表された。

朝日の木村記者たちの報道がつまづいた原因は、「命令違反」「撤退」という「吉田調書」で吉田所長が使っていない言葉を選択して3月15日早朝にあった所員の第二原発への退避をフレームアップしたことで、「あたかも所員が命令を無視して逃げたかのような印象を与えた」とする批判を招いたことにあった。ネットや保守系の新聞・雑誌に感情的な非難が集中したのである。

たとえば産経新聞8月18日朝刊で門田隆将は「朝日は事実を曲げてまで日本人をおとしめたいのか」と主張し、読売新聞8月30日朝刊には「命かけて作業した」「逃亡報道悔しい」という第一原発所員の談話が掲載された。朝日の記事が電子版で英語訳もされ、ニューヨーク・タイムスはじめ海外の主要紙が引用して一斉に報じていたことが、この感情の嵐を激化させた。「慰安婦報道」問題とも絡みあってナショナリズム的な「朝日バッシング」は高揚し続け、次第に朝日の経営・編集幹部は抗しきれなくなっていった。そして社内調査を実施して、木村たちが当時第一原発にいた所員たちから報道を裏付ける証言を得ていない弱点を見つけ、それを口実にして「誤報」のレッテルを張ったのである。

しかし後述するように、こうした朝日の記事取り消し措置については弁護士やジャーナリストらから、「記事の見出しに誇張や配慮に欠ける点はあったにしても、取り消さなければならないほどの間違いではなかった」との異論が出されている。

そもそも朝日新聞が5月20日の記事本文でどのように吉田証言を引用しているかを見てみる。

「本当は私、2Fに行けと言ってないんですよ。福島第1近辺で、所内にかかわらず、線量が低いようなところに一回退避して次の指示を待てと言ったつもりなんですが、2Fに着いた後、連絡をして、まずはGMから帰ってきてということになったわけです」

記事はこの発言と、東電のテレビ会議で吉田所長が同様な発言をしていたことを記録した東電の内部文書を根拠に「命令」に「違反」し、「所員の9割にあたる650人が」「撤退した」と報じた。そして2面の「解説」では「政府事故調は報告書に一部を紹介するだけで、多くの重要な事実を公表しなかった」と批判、「東電もまたこの事実を隠ぺいしてきた」と断じた。

ところが、この「命令違反で撤退」という事実認定に対しPRCは「吉田調書」にありながら朝日の記事では省かれた前後の語句をあげて疑問符を付けている。「ここが伝言ゲームのあれなところ」という言葉と「よく考えれば2Fに行った方がはるかに正しいと思った」という言葉だ。PRCはこの省かれた二つの言葉から、「指示が的確に伝わらなかったとの吉田氏の認識や、指示が適切でなかったとの吉田氏の反省を示している」と解釈し、吉田氏は「命令違反で撤退があった」とは認識していなかったと認定した。産経、読売および朝日新聞上層部の判断とまったく同じであった。

だが次の2点を考える必要がある。①東電の社員としてバイアスを受ける吉田氏の証言がすべて真実であるとも限らない②仮に吉田氏がそう認識していたからといって、それだけで「命令」への「違反」がなかったとは言い切れない。「命令」が出されたことが事実である以上、仮にそれを聞いていなかったとしても、「命令」に反する行為は「違反」とみなしうるからである。

また、ＰＲＣが記事は「誤謬」と認定するためには欠かせない作業があったはずだ。それは木村記者たちが「命令違反で撤退」と書いた根拠を否定することである。もちろんジャーナリズムの作法としては現場作業員への裏付け取材はなくてはならない。だがないからといってそれだけで記事を「取り消す」ほどの「誤謬」があったとすることはできない。木村記者たちには「吉田調書」の言葉以外にも他の「裏付け」があったからである。

ＰＲＣ見解の5日後（11月17日）、異議を申し立てた記者会見が東京都内であった。会見者はこれまで原発事故情報の公開を請求してきた海渡雄一弁護士らであった。その主張の核心を紹介する。

「朝日新聞の記者は柏崎刈羽原発の所員が東電のテレビ会議のやり取りを記録した『柏崎刈羽メモ』の中で吉田氏が『構内の線量の低いエリアで退避すること』と指示を出し、東電のプレスリリースも『一時的に同発電所の安全な場所などへ移動』としていること、さらに記者会見で東電が第二原発への650人退避の事実を知りながら隠ぺいしたことなど他の証拠と『吉田調書』を突き合わせた上で、『命令に違反して撤退』の事実認定をした。ＰＲＣは見解にそれを記していながら、その内容の分析も考察もなしに『記事は誤り』とした。このような検討姿勢はとても公正とはいえない」。つまり木村記者たちが論拠としたものの検証もしないで「誤謬」と認定するＰＲＣのずさんさを指摘しているのである。

私はこの一連の朝日バッシングをへて、「吉田調書」報道が単なる「誤報」事件にすり替えられたことで、日本人の福島原発事故に関する「記憶の半減期」はかなり短縮されたと考えている。それはこの騒動で読者の関心は朝日新聞社の迷走に移ってしまい、政府が公開しようとしなかった重要な資料が報道によって公にされた「吉田調書」そのものや、その読み解きによって解明される事故の真相への関心が薄れてしまったからだ。さらに言えば、木村や宮崎が問題提起したこの事故の全体像をとらえる上でもっとも本質的なことが、再び忘却の闇に引き戻されてしまった。5月20日の朝日新聞2面の最後にはこう書かれていた。

「吉田調書が残した教訓は、過酷事故のもとでは原子炉を制御する電力会社の社員が現場からいなくなる事態が十分に起こりうるということだ。その時、誰が対処するのか。当事者ではない消防や自衛隊か。特殊部隊を創設するのか。それとも米国に頼るのか。現実を直視した議論はほとんど行われていない。自治体は何を信用して避難計画を作ればよいのか。その問いに答えを出さないまま、原発を再稼働して良いはずはない」

しかしこの暗澹たる顛末にも関わらず、実は木村と宮崎は結果として政府に「吉田調書」の全文と当時の菅首相はじめ閣僚や首相補佐官、東電や関連企業の作業員、福島県知事、原子力安全・保安院次長、大熊町長など202名(2014年末現在)の「聴取結果書」も公開させた。その点で「東電テレビ会議映像」の公開に続く大仕事を果たしたといえる。「記者失格」のレッテルを張られそうになり、「非国民」とまで言われそうであった彼らが、最悪の原発事故を起こした日本社会にとって未来への教科書になるかも知れない掛け替えのない宝をもたらした。そのことをいまジャーナリストや法律家などこの国の知識人たちが冷静に評価し、朝日新聞に「記事取り消し」の取り消しと懲戒処分の撤回を求める運動を始めている。[*27] また様々な専門家が「吉田調書」をはじめ公開された「聴取結果書」を読み、あらためて福島原発事故の知られざる実像に迫ろうとしている。「悪貨に駆逐されかかった良貨」がしたたかに生き延び、社会の再生の芽となることに期待したい。

福島はフクシマになるのか

福島原発事故からもうじき4年になろうとする2014年の暮れに書かれた本稿は、これまで社会的に議論を呼んだ4つのテーマ、放射能汚染、「自主避難」、人体への影響、事故プロセスの検証について、主にテレビ、新聞がどのような報道をしてきたか、そこに結果として世の中の人々の関心の希薄化につながるようなメディア内外からのバイアス(圧力)はあったのか、なかったのかを検証してきた。本稿は結局、学術的な検証作業というよりは、私やジャーナリストの仲間たちがこの4年に経験し、見聞きし、伝えた事柄の記録作業であった。だがそこから曲折した川のような流れ、物語が見えてきたように思う。

手前みそのようだが、福島原発事故のメディア報道における初動はテレビの現前性、同時性が生かされた「放射能汚染された福島の実況中継」、すなわちETV特集『ネットワークでつくる放射能汚染地図』のインパクトで始まった。やがて被災地を歩いて知られざる実話を掘り起こす朝日新聞の連載「プロメテウスの罠」が続き、「金縛り」が解けて正気を取り戻したメディアの攻勢が少なくとも

1年は続いた。誰もがもはや「原子力ムラ」の影におびえず、のびやかに原発事故後の福島を取材していた。だが2012年が明けてから沈黙していた「原子力ムラ」の反撃が始まり、テレビは次第に失速していった。「自主避難」、人体への影響といった被災者の生活に密着しながらも政府の「除染と帰還」政策とつながった保健行政との葛藤を抱えたテーマにテレビは及び腰となり、新聞やOurPlanet・TV、月刊誌『世界』や『DAYS JAPAN』などの中小メディア、フリーランスのジャーナリスト、お笑い芸人だが専門家並みの科学的知識を持つおしどりマコなどにトップランナーの座を譲った。

高度の専門性と取材力を要する事故プロセスの検証は、NHK、朝日新聞など大手メディアが担ってきた。だが2014年になってまず前半でNHKの会長人事、経営委員人事に政権の影響力が働き、後半で朝日新聞が政権と親和性の高い保守メディアの「朝日バッシング」に屈した。それは原発の再稼働を目指す現政権にとって好ましいメディア状況の展開であったかも知れない。そして特定秘密保護法が施行されたいま、原発関連情報がセキュリティに関わるという理由で非公開とされることが懸念され、それに「不正に」アクセスするジャーナリストは逮捕されるリスクを負うことになる。問題なのは「不正に」を認定するのが政府であることだ。「吉田調書」は朝日のスクープがもう少し遅れたら、永遠に陽の目を見なかったかも知れない。

本稿で、当初目指したように「記憶の半減期」が操作されている実態が十分にとらえられたかどうかは読者の判断に委ねたい。考えてみると「記憶」とは様々な情報や浸食力のある他のイメージで打ち消されたり、逆に強められたり、回帰してきたりする「生き物」のようなものである。絶対の基準がある放射能の物理的半減期でも、その放射性物質が移動することで環境的、あるいは生態的には異なる様相の放射線量の減衰、〝半減期の変異〟とも錯覚する現実を生み出す。たとえば除染によって表土を削り、放射能をその土地の外へ運び出せば、その土地の環境中の放射線量は急激に下がって、あたかも半減期が早まったかのように感じることになる。逆に表土を運び込まれた土地では半減期が伸びたかのように放射線量が増えたり、維持されたりする。

「記憶の半減期」にもそのようなことがあるのだろうか。除染により削られた土がどこかに移されても放射能を帯び続けるように、誰かが記憶を除染されても、その記憶がほかの誰かの中で生き続けていれば、この世から無くなることはない。

とりあえずそう信じてみる。つまり政治的操作で圧殺されそうな大切な社会的記憶が、ジャーナリストや研究者（に限らないが）の手で安全にどこかに「保存」され、状況に応じてゲリラ的に社会に帰還する仕組みができれば、つまり短くなりがちな「記憶の半減期」を逆に伸ばすことに人間の叡智が注がれるシステムが誕生するのならば、この先絶望しないで生きることが可能かもしれない。

最後にサブタイトルに使ったフクシマという言葉について少しだけ触れよう。

かつて広島の被ばく体験が海外に伝えられ、核の非人道性についての人類共通の学びの場ヒロシマが誕生したように、フクシマとよばれる地が現れ、歴史に名を残すことがあるのだろうか。それはヒロシマの歩みを学ぶことからしかわからない。被ばく後10年以上、ヒロシマは隠され続けた。原爆の被害を新聞やラジオ、雑誌に著すことは占領軍により禁じられた。捨て置かれた被ばく者たちがやがて死者の慰霊と平和祈念の集会を開き、政府に働きかけて被爆者援護法を勝ち取り、被爆者健康手帳を交付されて医療費や健康管理手当や福祉を受けられるようになるまで、数十年にわたる血のにじむような努力があった。そして原爆投下国アメリカも含めて世界の国々に原爆の惨禍を伝え、各国の大使が8月の平和祈念式典に出席するようになるまで、中国新聞、中国放送をはじめとする広島のメディア、ジャーナリストたちが市民とともに闘った。

福島県の浪江町は２０１４年12月、４年にわたり続けたホールボディカウンターを使った内部被ばく検査や甲状腺被ばく線量調査をはじめとする町民の健康調査の結果を「浪江町健康白書」と題して刊行した。国からの情報がない中で、放射性プルームが流れる先に町民を避難誘導した失敗が、浪江町をしてどの自治体よりも積極的な町民の健康管理に駆り立てた。主導した町役場の担当者は、この先、事故に責任をもつ国に働きかけ、国が責任をもって健康管理に動くよう説得する。彼らの視線の先にはヒロシマが見えているはずだ。

福島はフクシマになるのか。福島で取材するジャーナリスト一人一人が、いまだ故郷に帰れず、心の傷が癒えぬまま暮らす被災者たちを訪ねながら、自らに問い続けなければならない。この先、どんなに原発報道への逆風が強くなろうとも。*28

《注》

（1）例えば増田秀樹「『記憶の半減期』の短さにあらがい、福島の原発事故を伝え続ける」『Journalism』２０１４年6月号。

（2）例えば２０１４年3月8日放送のＮＨＫスペシャル『避難者13万人の選択――福島　原発事故から3年』は福島県内での平均視聴率は10・9％であったが、東京では4・9％だった。

（3）3節で述べるように、2012年1月に追跡！真相ファイル『低線量被ばく・揺らぐ国際基準』（2011年12月28日放送）に関する抗議文がNHK会長に届いた。それから2年10カ月後の2014年9月11日には朝日新聞社長が記者会見を開き、同年5月20日に同紙が報道した「吉田調書」の記事が間違った印象を与えたとして謝罪し、記事取り消しと関係者の処分を言明、11月末、社長の辞任と関係者の懲戒処分が発表された。

（4）ETV特集は現在は毎週土曜日の23時からEテレで放送されている。

（5）2014年度は12月20日までに6本の原発関連番組が放送された。

（6）2011年3月15日、NHKでは報道局長名で全部局長にあて「原発周辺の避難指示地域には引き続き立ち入らないし取材はしない」「20～30kmの地域では、国の指示に従って屋内退避し新たな取材などには入らない」などとする通達が出された。私とETV特集取材班はこの通達を守らず3月16日に原発から2・5キロの地点まで入り、その後も屋内退避地区への取材を続けた。

（7）2014年1月25日、籾井勝人NHK会長は就任直後の記者会見で、従軍慰安婦問題について「どこの国でもあったこと」と述べ、特定秘密保護法について「通っちゃったんで、言ってもしょうがない」、そして政府が国際放送で領土問題における日本の立場を主張するよう求めていることについては「政府が右と言ってることを左と言うわけにもいかない」と発言した。

（8）東電は2012年2月、事故発生時に「自主的避難」等対象地域（福島市、二本松市、伊達市、本宮市、桑折町、国見町、川俣町、大玉町、郡山市、須賀川市、田村市、鏡石町、天栄村、石川町、玉川村、平田村、浅川町、古殿町、三春町、小野町、相馬市、新地町、いわき市のうち避難等対象地域を除く地域）に生活の本拠としての住居があった人で、18歳以下だった人、妊娠していた人には定額として一人当たり40万円、それ以外には8万円支払うとした。さらにそこから「自主避難」した事故当時18歳以下だった人、妊娠中だった人には一人当たり20万円を追加支払いした。また同年12月、追加費用分4万円の支払いを認め、さらに福島県南地域（白河市、西郷村、泉崎村、中島村、矢吹町、棚倉町、矢祭町、塙町、鮫川村）、宮城県丸森町に住み続ける人の中で18歳以下あるいは妊娠していた期間のある人に限り、定額4万円の一時金と追加費用として4万円の支払いを認めた。
http://www.tepco.co.jp/cc/press/2012/1200228O3-j.html

（9）正式名称は『東京電力原子力事故により被災した子どもをはじめとする住民等の生活を守り支えるための被災者の生活支援等に関する施策の推進に関する法律』。

（10）いわゆる「チェルノブイリ法」とはウクライナの場合、事故から5年後の1991年7月1日に施行された二つの法律「チェルノブイリ事故による放射能汚染地域の法的扱いについて」と「チェルノブイリ原発事故被災者の定義と社会保護について」の総称。

事故による放射能汚染地域を「年間1ミリシーベルト以上の被ばくをもたらし得る領域」と定義し、住民に対し放射線防護と正常な生活を保障するための対策が実施されるとしている。妊婦の移住の権利が認められる年間0・5ミリシーベルト以上の放射能管理強化ゾーン、年間1ミリ以上の移住権利ゾーン、年間5ミリ以上の移住義務ゾーン、そして1986年の事故直後にすでに避難済みの特別規制ゾーンと4段階の区分けがされている。汚染地帯に住み続ける住民の毎年の健康診断、医療の無料化、サナトリウムへの旅行などの健康を守る措置、公共料金や家賃の割引や公共交通機関の無料化などの生活保護措置、移住希望者に対する新しい家、仕事の提供、喪失財産の補償などの措置をとることが盛り込まれている。参考:「ウクライナでの事故への法的取り組み」（オレグ・ナスビット、今中哲二１９９８）http://www.rri.kyoto-u.ac.jp/NSRG/Chernobyl/saigai/Nas95-J.html

（11）ETV特集『原発事故・国家はどう補償したのか――チェルノブイリ法23年の軌跡』（２０１４年8月23日放送　ディレクター：馬場朝子、山口智也、取材：石原大史ほか）。

（12）日野記者は「子ども被災者生活支援法」の指針の制定を求め交渉に来る市民団体に対し、ツイッターで「左翼のクソども」などの暴言を吐き続けた人物が復興庁の参事官であることを尾行調査などの末に特定、その問題行動の実態をスクープした（日野行介『福島原発事故　被災者支援政策の欺瞞』岩波新書、２０１４より）。

（13）県民健康調査「甲状腺検査（先行検査）」結果概要〔暫定版〕２０１４年10月31日までの集計（福島県ウェブサイトより）。２０１４年4月からは2巡目にあたる「本格検査」が始まったが、半年間で受診したのは8万２１０１人、全体の37％という低率であった。だが4人に新たに甲状腺がんが発見され、そのうち2人は1巡目の検査ではのう胞も結節もないA1判定、残り2人も嚢胞20㎜以下、結節5㎜以下のA2判定であった。「本格検査」ではその後、２０１５年12月31日現在で51人が「悪性ないし悪性の疑い」の判定となり、「先行検査」と合わせると164人が「甲状腺がんないしがんの疑い」と判定されている。
(14) 2014年12月26日、NHKスペシャル『シリーズ東日本大震災 38万人の甲状腺検査——被ばくの不安とどう向き合うか』が放送され、福島県の甲状腺検査の受診率が2巡目は低調な理由として、検査に対する住民の不満と不信、放射線の影響を意識することに疲れた住民の意識の変化を上げた。
(15) テレビ朝日、報道ステーションはその後も取材を続け、事故後5年の2016年3月11日の放送では、甲状腺がんの手術を受けた当事者も顔を隠して登場。「多発」と事故との因果関係をめぐる科学者間の見解の相違を詳しく伝えた。
(16) 映像報告『チェルノブイリ28年目の子どもたち——低線量被ばくの現場から』2014年。
(17) 事故から5年後の2016年3月13日放送のNHKスペシャル『原発メルトダウン——危機の88時間』はドラマ仕立てではあるが、公開された政府事故調、国会事故調などの資料をもとにこの「2号機の危機」まで描いた。
(18) 七沢潔『東海村臨界事故への道——払われなかった安全コスト』岩波書店、2005年。
(19) 2015年7月の検察審査会による二度目の「起訴議決」を経て、2016年2月29日、東電の勝俣恒久元会長、武黒一郎、武藤栄両元副社長の3名が「業務上過失致死傷」の罪で、在宅のまま東京地裁に強制起訴された。
(20) なおこう 1997年設立の日本のIT企業・株式会社ドワンゴ(2014年10月KADOKAWAと経営統合)に所属。一般登録者数3000万人を超す日本最大級の動画投稿サイト「ニコニコ動画」の事業本部政治担当部長。東電記者会見の中継などで、ユーザーのメールを代読する人として知られる。
(21) きむらひであき 1968年生まれ。朝日新聞記者。福岡勤務時代、炭鉱や水俣病を取材、原田正純医師と出会う。3・11後は2012年度日本新聞協会賞を受賞した連載「プロメテウスの罠」取材班としてシリーズ「官邸の5日間」を手がけ、後に『検証・福島原発事故 官邸の100時間』(岩波書店2012)を著す。
(22) みやざきともみ 1964年生まれ。バブル期の2年間住友銀行に在籍。朝日新聞記者となり水戸、青森支局で原発・核燃料サイクル問題を取材。経済部でトヨタ自動車、金融庁などを担当。2006年特別報道チーム記者として電機・精密産業の偽総請負問題に取り組み、翌年、石橋湛山記念・早稲田ジャーナリズム大賞を共同受賞。3・11後は連載「プロメテウスの罠」のデスク兼ライターを務め、2012年度日本新聞協会賞を受賞した。

(23)例えばカリフォルニアに拠点を置くCIR（Center for Investigating Reporting 調査情報センター）はニューヨーク・タイムズ、SFクロニクル編集局長だったロバート・ローゼンタールを代表に70人のスタッフが小口や財団からの寄付で運営している。カリフォルニア州の公立学校の耐震設計を問う調査報道では、テレビの公共放送PBSやラジオ、雑誌、新聞などと連携してキャンペーンを展開、新基準を設けさせ、ピュリッツァー賞候補になった。

(24)座談会「いまどういう事態が起きているのか――朝日バッシングの舞台裏と行方」（『創』2014年11月号）におけるジャーナリスト青木理の発言など。

(25)「報道と人権委員会」（PRC）は朝日新聞と朝日新聞出版の記事に関する取材・報道で、名誉棄損などの人権侵害、信用毀損、記者倫理に触れる行為があったとして寄せられた苦情のうち、解決が難しいケースを審理する常設の第三者機関。現在の委員は、早稲田大学教授（憲法）長谷部恭男、元最高裁判事で弁護士の宮川光治、元NHK副会長で立命館大学客員教授の今井義典の三氏。

(26)朝日新聞社は12月5日付で「吉田調書」の記事を出稿した当時の特別報道部部長を停職1ケ月、ゼネラルマネージャー（GM）兼東京報道局長、ゼネラルエディター（GE）兼東京編成局長、特別報道部次長の3人を停職2週間、取材チームの二人（木村と宮崎）を減給とした。

(27)たとえば2014年12月16日、弁護士の海渡雄一、ルポライターの鎌田慧、早稲田大学ジャーナリズム教育研究所所長の花田達朗、デモクラTV代表の山田厚史の各氏は日本外国特派員協会で共同で記者会見、朝日新聞社による「記事取り消し」の取り消しと記者たちへの懲戒処分の撤回を主張した。その後、『朝日新聞「吉田調書報道」は誤報ではない』（海渡雄一・河合弘之他、彩流社）、『誤報じゃないのになぜ取り消したの？――原発「吉田調書」報道をめぐる朝日新聞の矛盾』（原発「吉田調書」報道を考える読者の会と仲間たち編、彩流社）、『いいがかり――原発「吉田調書」記事取り消し事件と朝日新聞の迷走』（鎌田慧・花田達朗・森まゆみ編集代表、七つ森書館）などの本が刊行された。

(28)「フクシマ」という呼称に違和感を表明する声もある。例えば郡山出身のクリエーティブ・ディレクター箭内道彦は、『週刊朝日』2014年12月5日号における脚本家・倉本聰との対談で「『フクシマ』とカタカナで書かれるのも、福島の人にはとても苦しい。終わってしまった場所の象徴としてレッテルを貼られたように感じてしまう」と語り、倉本も「一つの差別です」と応じている。

第4章

もうカナリアの声は聴こえない
——福島原発事故から5年

（書き下ろし、２０１６年3月）

「想定外」といわれた福島第一原発の炉心溶融事故から5年が経つ。

この国と世界をあれほど震撼させた事故も、被災者を除くと人々の意識からだいぶ遠のいたと言われる。自然の成り行きとしての記憶の経年劣化もあれば、原発再稼働や安保法制、東京オリンピックなど、「時節」を変えるイベントに記憶が押し流された一面もあるだろう。メディアの報道量の減少も原因の一つかも知れない。

だがそれでも、世論調査をすれば9割近い人々が「原発で大事故が起きる不安を感じる」（朝日新聞世論調査２０１４年）と答えるのはなぜだろうか。

気になっているものが自動運搬装置（ベルトコンベアー）にのって目の前から消えてゆくときの落ち着かなさ、とでもいうのだろうか。その記憶の運搬装置を動かす力の一部は自分の力であることも薄々分かっているから、後ろめたさも加わって、余計に無意識が疼くのかもしれない。

しかし落ち着かないのは、何よりも見失ったものが自分たちがいま立っている場所、現在地であるからではないだろうか。事故直後、アジア太平洋戦争以来のこの巨大な惨事は戦後日本の歴史を見直し、流れを大きく変えると言われた。経済成長とエネルギー消費の膨張に身を委ねる危険を警告し、新しい生き方を模索するように促すカナリアの声を、多くの人々が聴いた。変わるはずだったその流れは、どこに行ったのか。そして自分たちはいま、どんな流れのどこに立っているのか。それが視えないことが、不安の根本原因なのである。

「迷い子」になった日本人の居場所を解明するには、被災や避難、放射能汚染、健康影響、復興、賠償、責任追及、事故処理、廃炉、エネルギー政策や産業の変化などについて分析する作業が必要である。それは手に余るが、せめて概観くらいできないかと、この半年間に私が関係した3つの事例を糸口に、私たちの立っている場所がどんなところかを探り、その風景を素描(スケッチ)してみた。

1.「帰還」道路と「復興」の未来

《国道6号線》

国道6号線は東京と仙台を結び、いわきから相馬までの福島県浜通りを南北に貫く大動脈であり、沿道には大熊・双葉町の福島第一原発、富岡町の福島第二原発のみならず、茨城に入ると原子炉メーカーの日立製作所、東海村の東海第二原発、日本原子力研究開発機構の実験炉や再処理工場がひしめく原子力産業の基幹道路である。

2011年の事故後、原発から半径20キロ圏内が警戒区域となって6号線各地に検問所ができ、許可のない車の通行は禁止されたが、その後避難指示区域の再編で警戒区域がなくなり通行規制は解除された。2015年9月に楢葉町の避難指示が解除されたのを機に、私は国道6号線をいわきから南相馬まで車で北上した。そこで視たのはこの原発と都市を結ぶ基幹道路が、震災と原発事故で避難した人々の「帰還」道路にされるべく、周辺が着々と整備されている風景だった。

《楢葉町の懸念》

いわき駅から車で50分、避難指示解除となった楢葉町では除染が行われていた。全域を一度除染したものの、結果が目標値以下にならなかった場所で行われるフォローアップ除染である。

福島第一原発により近く、線量が比較的高い北側の地区に行ってみた。山が迫る平野部の道を除染のための工事用車両がひっきりなしに通る。除染ではぎ取られた表土などを、中間貯蔵施設ができるまでの間保管する仮置き場が道路わきにあった。フレコンバッグに詰められた土は緑色のシートで覆われ、概ね台形状にまとめられている。だがその間にはたくさんの黒いフレコンバッグがむき出しで置かれていた。楢葉町役場の人は「シートの重しとして置いているのではないか」と言うが、山積みになったものもあった。この仮置場は、満杯になっても新たなフレコンバッグを受け入れているようだ。双葉、大熊両町にできる中間貯蔵施設の立地が難航して受け入れ先の定まらない廃棄物が、これまた土地確保が難しく、数が足りない仮置き場を容量オーバーに追いこんでいる可能性もある。去年飯舘村であったように、台風の際の水害などで流され、せっかく除染で集約した汚染が逆に拡散する危険性もある。

かつては農業用水に使われたであろう池の近くの民家に行ってみた。木立に囲まれ、広い前庭のある木造2階建てのその家にはトラクターもあり、家主はおそらく何代にもわたりここで農業を営んできたであろう。窓ガラスが割れているのが気になる。無人となってから泥棒に入られたのだろうか。家主は長らく帰省していないようだ。ここの家の玄関前、地上1メートルの空間線量率は毎時0・4マイクロシーベルト。東京の平常時の約10倍である。家の中はおそらく半分以下になるが、それでも1年間生活して被ばく線量が一般人の平常時の限度1ミリシーベルト以下となるかどうかは微妙である。

楢葉町役場放射線対策課の猪狩伸之課長補佐は、除染の結果、空間線量率は村全体では平均毎時0・3マイクロシーベルトに下がったという。だが避難指示解除以降に村に帰還した住民は全体の5パーセント、400人ほどにすぎないという。特に育ち盛りの子どものいる若い世代はほとんど帰還していない。町が行ったアンケートでは、理由として原発の安全性への不安や放射線量が低下しないことが上位にあげられている。*1

放射線の影響への不安が払拭されない理由について猪狩さんは「国が定める線量基準が明確でないからだ」と指摘する。つまり国は避難指示解除を事故後の復旧時の基準である年間20ミリシーベルト以下であることをもって行うが、他方で除染の「目標値」として平常時の基準である年間1ミリシーベルトをめざすと言明してきた。*2 そこに根本的な問題があるという。楢葉町では後者をとって、単純計算で毎時0・23マイクロシーベルト以下の空間線量率を除染の目標にしたが、達成できたのは3割程度であった。空間線量からの計算でなく、ポケット線量計を各自がつけて実測すれば年間1ミリシーベルト以下になるだろう、と言ってはみるが、子どもの健康を案ずる親たちを説得するだけの力はない、という。

「無理はいえませんよ。将来を心配する気持ちはわかりますから」

猪狩さんはあきらめ顔だ。だが若い世代が帰らない場合、町の復興は大きな困難に直面する。老人ばかりの町で商店などのサービス業は営まれるのか？　医療や介護サービスは誰が行うのか？そして電気・ガス・水道などライフラインが復旧したとしても、それを維持するコストを誰が支払うのか？

特に最後の問いは、所得のある人口が少なく税収が期待できないところで自治体が存続できるのか、という根本的な疑問につながる。

国は震災・原発事故からの「復興」を謳いながら、除染後の住民帰還という絵を描く。それは東電を通じて避難者に払い続ける賠償金の負担を軽減したい欲望に裏打ちされている。現に避難指示解除後には、帰還しない町民は「自主避難者」に格下げされ、毎月10万円出ていた避難慰謝料としての賠償金は打ち切られ、やがて仮設住宅や借上住宅からの退去も迫られるなど住宅補助が解消される。

一方、地元自治体にとっても「帰還」は自らの存続をかけた悲願である。避難が長期化すると住民は避難先の自治体に帰属するようになり、地元自治体の消滅につながるからだ。だから国の振る「避難指示解除」＝「住民の帰還」の旗の下、その実現にむけ行動する。それにも関わらず猪狩課長補佐が晴れない表情をしているのは、その「帰還」と「復興」は果たして実体をともなったものになるのか、掛け声倒れに終わるのか、先の見えない不安を感じているからだ。

避難指示が解除された楢葉町の状況は、NHKのテレビ番組でも伝えられた。ETV特集『帰還への遠い道――福島・楢葉町一年の記録』(2015年9月放送)では数百年の歴史を持つお寺の住職が帰還する一方で、避難解除を機に住民票も避難先に移し、お墓まで移転する人が出てきたことが報じられた。NHKスペシャル『シリーズ東日本大震災　原発事故5年　ゼロからの〝町再建〟――福島楢葉町の苦闘』(2016年1月放送)では、楢葉町役場の職員がプロジェクトチームを作って町内に企業誘致をする活動を追った。若い世代が「帰還」するのに必要とする商店や職場を確保するためである。だが、町出身のスーパーの店主は客の数が少ないことを理由に出店を渋り、運送会社の社長は避難先のいわき市で事業規模が大きくなったので今さら「帰還」するメリットがないという。今年39歳の役場のプロジェクトリーダーは誘致の壁を実感する。同時に自分も家族(妻と小学生の子ども二人)といわき市の家に住み、そこから毎日通勤していることを明かす。町民に「帰還」を促す町役場職員の立場と、家族の健康を案ずる父親としての立場の板挟みの苦悩が語られた。

《南相馬市小高区でも》

こうした「復興」の未来への懸念は、今年4月に避難指示解除が予定されている南相馬市小高区でも見受けられた。小高区には事故前に1万1800人が住んでいたが、2015年3月のアンケートで帰還すると答えた人は全体の1割に満たない1141人で、しかもその8割は50歳以上であった。

避難指示解除後の帰還にむけた準備宿泊の制度を利用していち早く10キロ離れた避難先の南相馬市原町から「帰還」した今野由喜さん(65歳)は、住んでみて行政サービスなどのない暮らしの不便さを実感した。電気・水道はあるが生ごみ収集サービスがないため、週2回、避難していた原町までごみ袋を運ばなければならない。80を過ぎた両親を預かるデイケアがないため、奥さんと交代で1日中介護をして疲れ果てた。結局、両親には平日は原町の仮設住宅で暮らしてもらうことにしたという。

「小高に帰る人は多くても3000人。しかも年寄りばかり。その日常生活を取り戻し、利便性を上げるには行政のサービスが必要だが難しい」と今野さんは言う。その理由は、小高区は居住人口5万5000人の南相馬市の中のたった3000人のマイノリティとなるため、復興のための税金の投入や復興後のサービスの充実はあまり期待できないからだ。背景に震災後に町が原発から20キロ圏、30キロ圏、その外側と三つに区分された南相馬市の特殊事情がある。

とはいえ、旧警戒区域であったため、1年前までは決壊した堤防や破壊された家屋など震災と津波の爪痕がそのまま残されていた小高区でも、家屋取り壊しや瓦礫処理、堤防の復旧などの工事が始まっていた。ゼネコンなどに巨額の金が落ちる公共事業としての「復興」は、浪江町請戸もふくめ、震災後原発事故の影響で時間が停まっていた浜通りの各地で進められていた。

だが、そこに誰がどのように住むのかというソフト、つまり「人間のすむ社会」としての復興の姿は、遥として視えなかった。

2.「同調圧力」と科学者不信の中で

《南相馬臨時災害FM局の「配慮」》

警戒区域だった小高区以外の南相馬市の地区では一時避難した人が多かったものの、その後は5万人以上が「定住」を続けてきた。事故により一定量の放射性物質が飛来して環境に沈着しながらも、そこで市民が生活してきた都市としては、ほかに中通りの福島市、二本松市、郡山市などがある。南相馬もふくめ、そこでは住民は放射能について独特の意識を形成してきた。

南相馬ひばりFMは南相馬市の市役所内に開設された臨時災害FM局で、事故のあった2011年4月の開局以来、行政からのお知らせを含め、生活に関わる様々な情報を市民に提供、とくに放射線とその健康への影響についてはきめ細かく伝えてきた。毎日市が測定する市内129カ所の空間放射線量を読み上げる時間を設け、市立総合病院で内部被ばく検査をする非常勤の内科医・坪倉正治医師による暮らしのQ&A、専門家によるさまざまな講演の様子を放送し、市民がリテラシーを高めるのに貢献してきた。

このFM局にはこれまで2度取材に訪れた。最初は2012年の7月。東京からのUターン組でディレクターの今野聡さんと地元に住む主婦でパーソナリティの小林由香さん、ともに40代の二人に話を聞いた。

「あるとき市内各地の放射線測定データを、場所と値を一段間違えているのを気づかずに読んでいたんですが、『いま間違ってないですか』とか『何かずれてませんか』っていう電話がかかってきました。どうやらペンを片手に毎日聞いている方がいたんですね。それだけすごく気になっているんだなと思いました」と今野さんが言った。中には「学校の数値は下がっているけど、それは除染したからであって、一歩道路に出て隣の家に行ったら全然違うんだぞ。そんなことしたって、子どもなんて帰ってこないから」と抗議する人もいたという。「そんなこと」で始まる最後のフレーズには、意図的に低めの数値を公表すると思われている行政への批判が込められており、子ども連れで他所へ避難している家族が多かった頃のピリピリとした雰囲気を感じる。

二児の母親である小林さんも、小学6年生の長女が先生と学校周辺を測定して汚染地図を作ったことや、食品の測定データの中から数値の高いものに放送で警告を出す意義などを語った。ただこの時点で、少し気になることがあった。

「放送で、南相馬市の学校給食では福島県産のものは使っていません、と言ったら、『福島県のものは危ないということになるから、それはやめてください』というクレームがきました」と今野さん。学校給食を懸念する保護者に配慮して放送すると、農業者から反発が来る。以来今野さんは、そうした話にはあまり触れないようにしているという。

この腫れものに触る感じは、二度目の訪問でより強くなった。2015年10月6日、この日の生放送では小林さんが、今年度南相馬で実験栽培された米からは基準値を超えるセシウムが検出されなかったことを伝える新聞記事を読み上げた。南相馬では2013年に基準値超えの米が見つかり、福島第一原発の瓦礫処理の際に飛散した放射性物質の粉じんが付着したという農林水産省の説を、原子力規制委員会が「関係ない」と否定していた。

「うかつな発言はできないですね」今野さんは言う。「生産サイドはかなり気にしているから、(米の)作付けが進まない。なぜか福島県で南相馬だけが遅れている。ずっと『作って(放射能が)出たらどうするの?』の繰り返しですね」

だからこそ、生産者は報道に対し神経質なのだという。

一方、小林さんは生活者サイドの変化を語った。「18歳未満の子どもは年2回ホールボディカウンターを受けています。うちの子も幼稚園からずっと受けていて、問題なしの結果です。いまはうちの子たちも外で遊びますし、普通の生活ができていると思います。震災の直後は几帳面な方は窓を開けるな、カーテンを開けるなといってましたが、いまはだいぶ気にしなくなってきているように感じます。気持ちが薄れたというのか……」

小林さんはいまも多くの家庭が子どもを学校に送り迎えしているが、それは放射能が怖いからではなく、震災以降子どもの人数が減って集団登下校ができなくなったこと、そして除染作業のため近所に外来者が増え、安全面で不安だからという。「うちの近所のコンビニなんか来客がすごい数で、午前中からビールを籠いっぱいに買っていく人もいます。中にはガラの悪い人もいるし」

小林さんは大阪で女性を強盗殺人した容疑者が南相馬で除染の作業員をしていたとの報道が、地元の人々の恐怖心をさらに強めたという。

今野さんは、リスナーにはいろいろな立場の人がいるので発言には配慮し、放送ではあえて触れない話題も多いという。とくに避難指示が出ていた地区の人とそれ以外ではもらっている賠償金額が違うので、お金の話には注意を払い、裁判やADR（裁判外紛争解決手続き）のことはあまり取り上げないという。

立場の多様性を抱えるのが都市の特性であり、それゆえ放送という公共の場での言葉には細心の注意が求められる。これは事故後の区分が複雑な南相馬市のFM局に顕著な特徴だが、より広域なメディアである福島の地元の放送局や新聞社にも共通している。

ある地元局のプロデューサーは東京都内で行われたとある会合で、食品の放射能汚染の基準値をめぐる話題などは、いまや「風評被害」という言葉と隣り合わせになっており、取り上げにくいと語った。そういえば前述した楢葉町の避難指示解除についての2本の番組でも、放射線量についての情報はほとんど伝えられていない。いまや線量を口にするのも憚られるのである。そんな状況下、いまも食べ物の放射能や環境からの被ばくを心配する人々はどのように暮らしているのか。郡山の市民グループを訪ねた。

《県外野菜を買う〝秘密結社〟》

郡山駅から車で10分ほどのビルの1階にある「3a!郡山」は事故直後に近隣の主婦たちを中心につくられた市民グループで、暮らしの「安全、安心、アクション」をモットーに、奈良県や北海道から取り寄せた野菜の販売や、身の回りの放射線測定、子どもたちの保養の斡旋、各種相談会や勉強会の企画を行っている。

2015年の秋に訪ねると、10畳ほどのスペースにマットが敷かれ所狭しとカボチャやキュウリ、キャベツなどの野菜が並べられていた。この日は北海道野菜の販売日。6人ほどの主婦が三々五々やってきて、事前に注文していた野菜を確認しながら段ボール箱に詰めている。地元産ではこれまで放射能の濃度が高かったシイタケや栗なども ある。シイタケを買った若い女性に聞くと、寒くなって鍋料理をするのにキノコ類は欠かせないが、地元や近隣県の産品が並ぶスーパーでは買う気にならない。だが遠い北海道でとれたものなら安心だという。3歳の男の子を連れてきたこの主婦は、小学校高学年の子どもがいる少し年長の主婦の話に聞き入っていた。年長の主婦は目の前に広げられた新鮮で立派な県外野菜を前に、夕食の献立がいくつも浮かんだようで上機嫌であった。だがここにきて野菜を買っていることは周囲には内緒だという。事故から1年くらいは近所の人も親戚も同じように放射能を気にしたが、いまはみな忘れたかのように口にしなくなった。事故直後は学校の給食に県内産を使わないことや、校庭の土の入れ替えを申し入れした保護者の仲間たちも、事故から4年がたち、運動会で子どもたちが校庭で裸足で組み体操を行うことになっても、誰も異を唱えなくなったという。最後の頼りと思っていた夫も「心配し過ぎだよ」と取り合ってくれなくなったという。だからこそ、この空間にくるとお互い理解できる仲間に会えるので救われると話す。

「3a！郡山」の代表、野口時子さん(49歳)は「私自身、マンションの隣近所の人と放射能の話をしません。気にしている人はいるかも知れないけど、どの人が本当にどこまで気にしているのか分からない。でもここなら深く理解しあえる環境があります」という。野口さん自身、障害をもつ息子さんと、育ち盛りの娘さんの健康を守るためこの活動を始めたが、自分は岩手県の出身でよそ者なので続けられたのではないかという。地縁血縁が強い地域では周囲と同調しない『出る杭』は打たれるからだという。

「3a！郡山」はメール登録した人が130人、野菜購入先へ送料を支払う協力金、月500円を払う会員が20人ほどいるが、その人数は5年目になってもはじめと変わらないという。「震災後に結婚された方とか、震災後に子どもが生まれた方とか、一度母子で県外に『自主避難』したけど戻ってきた人とかが、新規に入会します。母子避難して帰って来た人で、納得している人は一人もいないと思います。経済的な理由が大きいし、親の介護とか、子どもが学齢期になって進路をどうするかと悩み、仕方なく地元に帰ってくるケースが多いです」

「3a！郡山」に集う若い母親たちを見ていると、放射能汚染への不安は口にこそされなくなったが、決して無くなったわけではないことを感じる。そして「安全な県外野菜買いませんか」とキャンペーンすればすぐに「風評被害を助長するな」という声の礫が飛んできそうな空気に支配されているからこそ、女性たちはあたかも「秘密結社」のようにここに集う。

たしかに福島で測定される食品の放射能濃度は一部を除いて初期に比べ全体として下がった。ホールボディカウンターによる測定データを見る限り、これまでのところセシウムによる内部被ばくはそれほど深刻には見えない。だから「3a！」に集う母親たちの行動は非科学的と見る向きもあるに違いない。

だが「安全」になったからと「用心しない」ことが推奨されるのはおかしい。いまだにイノシシなど森にすむ野生動物やキノコなど山菜類、ユズ、淡水魚などで基準値を超えるものや基準値以下とはいえ数値が高いものがあり、食用には注意が必要だからだ。それは「風評」ではなく「現実（リアル）」だ。また原発でガレキ処理中に発生した放射性物資が飛来して南相馬市の米に付着した可能性が指摘されていることからもわかるように、原発事故は現実には「収束」しておらず、アクシデントであらたな放射能汚染に見舞われる可能性も存在する。

そして原発事故直後に「ＳＰＥＥＤＩ」のデータを隠ぺいした事が象徴するように、行政や電力会社が都合が悪いと判断した情報をときに公開しないのは洋の東西を問わず同じであり、市民サイドに立った情報収集システムや安全な食品供給システムの必要性があることは疑いを入れない。放射能汚染が続く限り、５年経とうが10年経とうが、正確な現状認識の仕組みを維持し、食の安全を確保し続けることは大切なのである。

他方で福島県による県民健康調査で当時18歳未満だった子どもたちの中でこれまでに１６４人が「甲状腺がんないしがんの疑い」と診断されたことの衝撃は大きい。そして疫学専門家の岡山大学の津田敏秀教授が通常の20倍から50倍で多発している、との結論を出しても、「原発事故の影響とは考えにくい」とはねつけ続ける県や国の姿勢に疑問がもたれている。

県や国は放射線による被ばくとの因果関係を否定する根拠として、通常行わない規模で調査を行う結果、早期発見も含め罹患が多く見つかるスクリーニング効果や、甲状腺がんが多発したチェルノブイリ原発事故にくらべ福島は被ばく線量が低いことなどを上げる。だがスクリーニング効果では20倍から50倍という数の多さを説明できないと津田氏に反論され、被ばく線量の大小については比較に耐えられる甲状腺の内部被ばく線量のデータが存在しないことを県民健康調査検討委員会の委員である科学者に指摘される。[*3]

県民健康調査を担う医師や科学者、県や国の言説は説得力をもたなくなった。それは事故直後、福島入りした県のアドバイザー山下俊一長崎大教授が「１００ミリシーベルト以下では健康への影響は出ない」と発言して批判を浴びることで始まった保健行政への不信感を増幅した。だが困ったことに、この重要な問題を伝えるテレビ報道は少ない。[*4] そしてそのことが、原発事故の被害とそれを隠ぺいしようとする構造の「可視化」を妨げている。

事故の影響に対する人々の不安を抑えて、事故の収束感を演出し、原発再稼働や東京オリンピック開催にむけて政治的秩序を再構築したい国家の思惑。それはさまざまな言論人を動員してつくった同調圧力によって、福島県民のマジョリティを沈黙させることに成功したように見える。そしてテレビや新聞の報道が一見すると激減したことなどと相まって、被災地以外の全国の関心は薄らいだように見える。

だが根本は変わっていない。多くの人々の心に「不安」が潜在する中、このまま抑え込めるほど原発事故は甘くはないだろう。汚染水問題が一向に解決せず、溶融した核燃料デブリの発見すらなされていない、廃炉はるか途上の福島第一原発がこの先再び危機に襲われる可能性は否定できない。あるいは再稼働をはじめた原発で事故が起こる。一つの綻びをきっかけに全体の意識がドミノ倒しのようにターンオーバーする可能性はまだ残されている。

3. 事故検証なき原発再稼働

《事故から学ばない電力会社》

原発事故から5年たったいまをもっとも象徴する出来事は、2015年8月の九州電力川内原発1、2号機の再稼働に続き、2016年1月に関西電力高浜原発3号機が、2月に4号機が動き出したことだろう。

どちらも事故後にできた規制機関、原子力規制委員会が安全性を審査した結果、事故後に作った新規制基準に適合すると判断されての結果である。だがどちらの原発も周辺自治体による避難計画の策定に不備や遅れが指摘されていることなどから、避難をめぐる混乱に苦しめられた福島原発事故から学ぶ姿勢に欠けていると批判される。それだけではなく、川内原発では審査でも前提とされた免震重要棟の建設を、九州電力は建設費が高いことなどを理由に再稼働後に撤回。福島で地震に耐えて事故対応の拠点となった施設の重要性を軽視した姿勢に、世間は唖然とさせられた。日本の電力会社は福島第一原発事故を自分たちの国で現実に起こった事故とは認識していないのではないか。そんな疑いさえ抱かされる。

その一方で、安倍政権が国際社会にむけて何度も「世界一厳しい」と折り紙をつけた新規制基準は本当に安全を確保する要件を示しているのか、福島の事故の現実をどれだけ検証して作られたのか、という疑問も浮かび上がる。現に福井地裁は２０１５年４月に高浜原発３、４号機の再稼働差し止めを命じる仮処分を出したが、その理由は「新規制基準では安全が担保されない」からであった。この仮処分はその後12月に同じ福井地裁で覆された。だが、３、４号機の再稼働後の２０１６年3月9日、今度は隣接する滋賀県大津地裁がやはり新規制基準の信頼度が低いことを理由に、２つの原子炉の停止を命じた。二度にわたって司法が福島の事故検証が十分になされていないこと、それが原発の安全性向上に生かされていないことを指摘したのである。（その後、川内原発差し止め仮処分申請を退けた福岡高裁宮崎支部は、「新規制基準は不合理でない」と判断したが……。）

《衝撃の事実「事故対応の誤りが炉心溶融を招いた」》

事故検証の不在。その核心に鋭く斬り込んだのが、『世界』の連載・解題「吉田調書」の第6回として、2015年10月号から始まったシリーズ論文「ないがしろにされた手順書」である。そこでは東電の事故対応の誤りこそが、少なくとも2つの原子炉の炉心損傷と溶融を許し、水素爆発と大量の放射能が拡散する惨事を招いたという、衝撃的な告発がなされている。

この論文の執筆者は元日本原子力研究所(現日本原子力研究開発機構)の研究主幹の田辺文也氏。スリーマイル島(TMI)原発事故、チェルノブイリ原発事故、東海村臨界事故などの事故プロセスの解析、事故原因分析を手がけてきた第一人者である。田辺氏は「引き金となった大津波は設計上の想定外だったかもしれない。しかし全電源喪失が続くとやがて冷却水がなくなり、燃料が露出し、水素爆発や炉心溶融に至ることはTMI(筆者略記)のあとは世界中の専門家にとって自明だった[*5]」といい、福島で起きたことはまさに教科書通り、「想定内」の事故プロセスだったのにそれを防げなかったのは東電の事故対応に問題があったからだと考えた。そして東電が事故時に従わなければいけない事故時運転操作手順書を参照せずに事故対応していたのではないか、という仮説を立てた。

事故にそなえて東電は、あらかじめ想定された異常事象や事故が起きた時に使う「事象ベース手順書(AOP)」と、設定基準事象を超えた状況で炉心損傷を防ぐべく処方された「徴候ベース手順書(EOP)」、炉心が損傷したあと、圧力容器や格納容器の損傷を防ぐために使用する「シビアアクシデント手順書(SOP)」を用意していた。事故の進展に応じて3つの手順書間を段階的に移行していくことが決められていたのだ。とりわけこの事故では二つ目の「徴候ベース手順書」が重要だった。それは1979年のTMI原発事故後、世界中の科学者が参加して編み出された。TMIでは「原子炉圧力は低くなったが加圧器水位が高くなる」という、設計で想定した冷却材喪失事故の判定条件とは矛盾する状態が発生したため、運転員が判断ミスをして冷却材を喪失し、炉心溶融に至った。その反省から、起因事象に関わらず、中央制御室で得られる徴候に従って事故の進展を防ぐ技術が開発された。具体的には原子炉水位が不明になる、格納容器の圧力抑制室の水温度が基準値を超える、といった徴候を契機に、原子炉停止直後から動く高圧注水システムから長期的な原子炉水位の維持のために行うべき原子炉圧力容器の減圧と低圧注水に移行する手順が書かれている。

《無視された「手順書」》

地震で途絶えた外部電源に加え、津波で電源盤と非常用ディーゼル発電機も水没してすべての交流電源を失った福島第一原発では、頼るべきはこの「徴候ベース手順書」であった。それにも関わらず、まったく無視されていた。田辺氏はその証拠を、朝日新聞のスクープをへて２０１４年９月に公開された政府事故調査委員会による吉田昌郎・福島第一原発所長聴聞結果書、いわゆる「吉田調書」の中に見つけ出した。

「この手順書の移行みたいな議論は頭の中に全くなくて、全電源がなくなったわけで、もう冷やすものがないと、その条件の中で、当然その先にはシビアアクシデント、もしくはそれを超えるようなところに行くという判断がありますから……いちいちこういうような手順書間の移行の議論というのは、私の頭の中では飛んでいますね」

事故処理の「手順書」からの逸脱を追及する政府事故調査委員会の委員の質問に答えて、吉田所長はあっけらかんと「手順書」をないがしろにした事実を語っている。「手順書」は免震重要棟の事故対策本部に置いてなかった、とも語った。事故時操作手順書は保安規定の下部基準であり、原子炉等規制法（炉規法）は保安規定の遵守義務を定めているため、手順書からの逸脱は炉規法違反となる。

それにも関わらず、吉田所長が「手順書」を無視したのはなぜか。第一に田辺氏は吉田がもともと維持管理部門の出身で、原子炉内部の仕組みや安全に疎かったことをあげる。さらにその吉田が地震発生から4時間後の3月11日18時半には炉心損傷が始まったといわれる1号機の危機に直面し、原子炉を囲む格納容器の圧力を下げるために内部の蒸気を大気中に放つベント操作をいきなり行うはめになったことが大きかったという。ベントはすでに炉心損傷してしまったあと、つまりシビアアクシデントに移行し、格納容器が破裂して大量の放射能が放出されるという最悪の事態を避けるための最終手段だ。全交流電源を喪失したとはいえ1号機と違い、2号機、3号機はまだその段階ではなかった。この段階では原子炉を冷温停止に導くために、原子炉に安定して冷却水を供給する措置をとらなくてはならない。そこでまず必要なのは、原子炉内の圧力を下げるために主蒸気逃し安全（SR）弁を開くこと。そのために弁をあける電力として直流のバッテリーをいち早く調達すること。さらに低圧注水するためのディーゼル駆動消火ポンプを作動させること。吉田は2、3号機対策で「手順書」の要求するこうした措置をとらずに、ベントのための段取りを優先させた。つまり原子炉を鎮めるために行うべき措置を行わず、その時にはやる必要のないベント操作にこだわり続け、結果として3号機の水素爆発と2、3号機の炉心溶融、その後の放射能拡散を招いたのである。ベントが遅れた結果といわれた1号機水素爆発のショックで吉田は「ベント病にとり付かれた」というのが田辺氏の見立てである。

同時にその「ベント病」が、現地対策本部とテレビ会議でつながる東京電力本店の幹部たちもにも蔓延したのか、誰も吉田の「手順書」無視に異を唱えなかったことも不思議だという。公開された「東電テレビ会議」の書き起こし[*6]を読んだ田辺氏は「原子力部門のトップで経営幹部の中では誰よりも原子炉を理解しているはずの武藤副社長までもが手順書からの逸脱を注意した形跡がないのが解せない」という。

《責任を問わない政府事故調、原子力規制委員会》

「手順書違反」を知りながら、その責任を問わなかったのは政府事故調査委員会も同じである。「吉田調書」では委員が鋭い質問を繰り返していたが、中間報告書でも最終報告書でも正面からは触れられていない。

『世界』編集部はその理由を聞こうと政府事故調の委員長だった畑村洋太郎氏に取材を申し込んだが断られたという。当事者の証言がないのであくまで推測だが、政府事故調内部で東電の刑事責任を問うことにつながる検証結果公表を回避する判断がなされた可能性がある。それは東電をつぶさずに事故清算を行うために作られた原子力損害賠償支援機構と関係しているといわれる。[*7] 他の電力会社や国が多額の出資をして支えるこの機構にとって、賠償すべきは原子力損害賠償法(原陪法)が事業者の免責を認める「想定外」の自然災害で起きた原発事故の損害である。一方東電が「手順書違反」で刑事被告人となってしまうと、放射能汚染は「想定内」の事故対応義務を怠った結果の損害と認知されることになり、原陪法での「免責」の正当性が失われる。だから政府は早めに東電の刑事告発を断念し、不都合な「手順書違反」問題を葬った。そんな憶測が成り立つ。*8

他方、政府事故調最終報告書の脚注には徴候ベース手順書（ＥＯＰ）の要求する「急速減圧」と「低圧注水」について詳しく書かれ、「原子炉水位計が計測不能だから手順書どおりできなかった」という東電の言い訳が厳しく批判されている。田辺氏は、担当した委員のせめてもの抵抗の跡ではないか、と推測している。

原子炉等規制法に違反する「手順書違反」の結果、原子炉を炉心溶融させて水素爆発を招き、一部格納容器も破損させて大量の放射能を放出、今も10万人以上が避難を余儀なくされる放射能汚染をまねいた「事実」。それが保安院を引き継いだ原子力規制委員会で検討された形跡はない。従って新規制基準では、この誤りの多かった福島の事故対応から得られる知見も生かされず、事故時操作手順書の位置づけの確認や、現場での学習、訓練強化が図られた形跡もない。

テフロン加工のレジーム（体制）が社会を覆う

「復興」の最前線、放射線被ばくと日常、事故検証という3つの異なる位相から、福島原発事故から5年がたった今を見つめてみた。その3つのステージに共通して見えるものは、「こうなるハズだ」「こうに違いない」「こうあるべきだ」という建前＝レジーム（体制）が降りてきて、社会を覆う図である。

「帰還」道路に改造された国道6号線を走って視えたのは、人心に先行して除染と「復興」にひた走る国家の思惑だった。避難指示解除を続けながら、日限をかぎって賠償を打ち切り、人々を「復興ランド」に追いこもうとする。そこは年間の被ばく線量を平常時の20倍、20ミリシーベルトまで「許容」する「美しい国・日本」。結果、そこに若い世代が戻らなくてもそれは「自己責任」となる。4年後の東京オリンピックまでには(すでに招致活動で言明して「嘘つき」と批判された)アンダーコントロール、一件落着をもう一度叫びたいのかも知れない。

南相馬や福島、郡山など避難指示されなかった町で被ばくが気になる母親は「秘密結社」に通わなければならない。「あなたの心配、私の風評」といわんばかりのバイアスの中で、「ここは安全」というレジームが、あたかもバリアを形成するかのように、時として外からの意見をはねのけている。「東電の事故対応の間違いが事故を拡大した」という言説をマスコミはほとんど報道しない。それは事故後に原子力損害賠償スキームをつくって東電と原子力体制の温存を図った財界人や官僚や政治家たちにとって好都合だ。そしてその結果、「吉田所長をはじめイチエフの作業員たちは体を張って国を守った」という「英雄伝説」がはびこる。戦時中の「神風」や「大和魂」に通じる情緒的ナショナリズムが、事故の真相を覆い隠す。そして原発は安全性を増すことすら充分にせずに復活し、海外にまで輸出される。

福島原発事故から5年。私たちが立っているのは、物理的にも心理的にも、そんな新しいレジームを建設する公共工事の現場だ。また原発事故が起こっても大丈夫、何もなかったかのように回復できる。焦げ目もつかないテフロン加工の国づくりに向け、ダンプカーが砂煙をあげて走りぬける。人影もまばらな「復興ランド」に「原発事故は克服できる」という大看板が打ち立てられようとしているのだ。そこでは事故直後には聴こえたあのカナリアの声は、もう聴こえない。

《注》

（1）平成26年10月「楢葉町住民意向調査」（復興庁、福島県、楢葉町）より。

（2）環境庁省の除染情報サイト（www.josen.env.go.jp）には「除染の目標」として、「現在の年間追加被ばく線量が20ミリシーベルト以上の地域を段階的かつ迅速に縮小することを目指します。現在20ミリシーベルト未満の地域では、長期的に1ミリシーベルト以下になることを目指します」と記されている。

（3）床次真司・弘前大学教授「甲状腺の内部被ばく線量がわからない現状では答えを出せない。内部被ばくの検討は県民健康調査検討委員会では議論されていない」テレビ朝日『報道ステーション』２０１５年11月30日の取材に）

（4）例外として『報道ステーション』（テレビ朝日）は２０１５年11月30日、第21回福島県健康調査検討委員会の発表をうけて「二回目検査で甲状腺がん、または疑いが39人に」と報じ、原発事故の影響を否定する座長の発言に疑問を投げかけた。また事故から5年後の２０１６年3月11日には、3章の注5にあるような番組を放送した。

（5）田辺氏が『世界』「解題・吉田調書　第6回ないがしろにされた手順書」に引用した、朝日新聞２０１１年4月19日夕刊連載シリーズ「東日本大震災の衝撃」のインタビュー記事より。

（6）福島原発事故記録チーム編『福島原発事故　東電テレビ会議49時間の記録』（岩波書店、２０１３年）

（7）一橋大学教授・齊藤誠は著書『震災復興の政治経済学～津波被災と原発危機の分離と交錯』（日本評論社、２０１５年）第7章の中で、「手順書」問題を詳述し、原発事故対応は「想定内」であったにも関わらず、その原因となった津波災害が「想定外」であったからと、東電や関係金融機関を事実上「免責」にして政府が多額の税金を投入して支援をする原子力損害賠償支援機構のあり方を批判している。

（8）原子力損害賠償法第3条ただし書きには「『異常に巨大な天災地変』による原子力損害は電力事業者が免責される」（大意）とある。ただし当時官房副長官で賠償のスキーム作りに関わった仙石由人氏は、東電の事故対応のまずさを考えたら「免責は『賠償論』の世界では通じない」と判断したが、東電をつぶさず、支払いは国が支

える支援案づくりに動いた、と言う。(朝日新聞2016年1月18日朝刊「電力を問う　原発事故5年②」より)

《第Ⅱ部　3・11まで》

第5章　テレビはなぜ「被ばく」を隠すのか

（東京外国語大学におけるシンポジウム「核と現代」
《2008年》における報告より抜粋）

キーワード検索で見えてくること

本日上映された映画『生きてるうちが花なのよ死んだらそれまでよ党宣言』（監督・森崎東、出演・原田芳雄、倍賞美津子他、ATG、1985年）の中で提起されている原子力発電、核のエネルギー利用の現場の人たちの被ばく問題については、実は一番テレビが取り上げてこなかったこと、最もやってこなかった領域です。例えばNHKのアーカイブスで番組が保管されデータベース化されており、過去にどのような番組があったか、われわれNHK職員はアクセスして調べることができます。そこで「原子力」というタームを打ち込んで検索すると、大体2万件くらいのニュース及び番組がNHKに保管されていることがわかります。そこにもう一つセカンドキーワードを入れて、例えば「安全」とか、「事故」、「再処理」、「環境」、「放射性廃棄物」などのいろいろなタームをランダムに打ち込んでいって、クロス検索上どのくらいの件数が出てくるかということを調べると、「安全」や「事故」

が4000件、5000件という数で、ここに関心と焦点を絞った番組やニュースの数が圧倒的に多いことがわかります。

しかし、「被曝」というタームを一緒に打ち込んで調べると、項目は134件で、番組の件数は45件しかない。「被曝」がキーワードとして出てくるコンテンツは、2万件のうちこのくらいしかないんですね。実際、コンテンツ自体に当たってみても本当に少ない。それはいったいなぜなのかというのをちょっと考えてみましょう。

実際のところ、メディアがどう関わったかという以前に、まず被ばくの実態がよくわからないということがあります。放射線従事者中央登録センターというところがありまして、原発などの施設で働く5万人くらいの人が登録されています。彼らの被ばく量は、それぞれに配られている放射線管理手帳をベースに集計されているのです。その集計値をもとに作成されたあるデータによりますと、70年代から80年代にかけては、被ばくを防ぐ方法の問題もあって、被ばく線量が高かったようなのですが、企業努力などによって90年代の初めくらいには被ばく線量は下がっていきます。しかし90年代半ば以降から、また上がり始めているんです。

その理由として、原子力発電所の老朽化問題があります。少なくとも60年代、70年代に建てられた原発はかなりガタが来ていますので、そういうところに入って補修工事をしたり、定期検査をやったりして、被ばくのリスクがより高くなっていくわけです。2002年に発覚した東京電力の原発機器の損傷やトラブル隠しのことを覚えている方も多いと思いますが、それ以後に様々な検査が行われていくということは、そこで被ばくする労働者がまた増えたということなのでありまして、そういった理由で被ばく量が増大しているといえます。

もうひとつの理由としては、定期検査そのものを短くするという動きがあります。そうすることで、原発の稼働率を上げようとするのですね。電力会社は、稼働率を上げて原発のコストを下げるということをずっと続けているわけです。とりわけ、90年代以降の電力自由化の中で、ほかの電力とのコスト競争に勝たなければいけません。そうすると、短い期間に定期検査を済ませるため、労働者にかなり無理をさせることになります。しかも、被ばくの大半は、社員ではない下請、孫請、さらにその先という末端の労働者にかかってきます。そういうことも重なって、状況が悪くなっているというのが全体像です。

そもそも5万人の放射線従事者といいますけれども、これはあくまで登録された人間にすぎません。実際に登録している人の代わりに誰かほかの人が身代わりで働いているということは日常的にあったようですし、事故などで被ばくして限度量を超えてしまうと、なかったことにされることも多々あります。そういうことも含めると、この5万人のデータだけで本当に被ばくの全体を正しく捉えたことになるのかというのは、大いに疑問の残るところです。逆に言えば、あくまでこのくらいのことしかわかっていないと捉えていただいたほうがいいかと思います。

原発の労働実態は闇の中

では、これまでよく知られてこなかった被ばく労働者たちが黙ってきたかというと、そうではありません。労災の認定を求める動きや、裁判を行ったケースがこれまでにいくつかあります。原子力資料情報室の渡辺美紀子さんのまとめられたデータをもとに見ていきます。

まず、岩佐嘉寿幸さんという方のケースです。岩佐さんは敦賀原発1号炉で被ばくしたのですが、彼の仕事は機械工のようなもので、原子炉の核納容器の中の鉄パイプか何かに穴をあける作業を頼まれて、その作業をしているうちに被ばくし、右膝に皮膚炎を負いました。これが被ばくによるものか、そうではないのかということで裁判に発展し、70年から91年の最高裁まで争う長い裁判の末、彼は負けてしまいました。

彼の弁護士の話や裁判の記録などから言えるのは、彼の被ばくのデータがすごく少ないんですね。特にこのケースにおいては、労働者の側が一体どのぐらい被ばくしたかということを電力会社側がほとんど提示してこないのです。裁判を闘うにしても、医学的因果関係をきちんと詰めていく上で、労働者の側が圧倒的に不利な条件で闘わざるを得なかったということです。そういう意味では、原子力産業側が持っている情報と、そこで働く人の得られる情報、自分について知り得ることに、ものすごく落差があったわけです。

次に、浜岡原発で働いた後に白血病で亡くなった嶋橋伸之さんという方のケースでは、電力会社が労災申請をするなというふうにずっとご両親に圧力をかけていたようです。つまり、表に出させないようにする力が、遺族や関係者に対して強く働いていたケースです。

3番目は、悪性リンパ腫で亡くなり、その後労災認定された喜友名正さんという方のケースですが、この方の累計の被ばく線量は、99.76ミリシーベルトという、発がんに有意の差があらわれるという100ミリシーベルトに近いレベルです。こういうケースは実際は他にもたくさんあるのですが、それが表面化すること自体が少ないわけです。

これらの事例が示すように、原発の労働現場とは、まさにブラックホールのようなところなのです。では、どうしてそれはブラックホールのままなのでしょうか。

ルポライターの堀江邦夫さんが自ら原発労働者となって、敦賀や福島などの原発の現場を渡り歩きながらその体験記を書いた『原発ジプシー』、それから写真家の樋口健二さんが、原発の労働者たちに会って彼らの被ばく体験や人生を記録した『フォトドキュメント原発』など、原発の内部を暴いた先駆的な出版物が70年代の終わりから出てきました。しかし、テレビという媒体がそれとどう向かい合ったかというと、これはなかなか難しい問題です。

例えばチェルノブイリ事故の前と後でどういう番組があったかというと、81年頃の『NHK特集』で、NHKが原子力にまさに初めて向かい合って制作した特集が3本連続で放送されました（第6章参照）。それはちょうどスリーマイル島原発事故や敦賀原発で放射能漏れ事故があった直後でしたが、原子力というのはどういう技術なのか、本当に安全なのか、そういったごく普通の人にとって関心のあることを取りあげた番組でした。この番組の中では、先ほどから例示しているような労働者の被ばくという問題をデータとして提示して伝えようというスタンスを持っていたと思います。

その8年後に、チェルノブイリ事故の後に放送した『いま原子力を問う』という全4回の番組がありました。これは私も関わった番組です。チェルノブイリ事故という破局を受けて、われわれが事故にどのように向き合うべきかという問いを立てて、原子力の問題に真っすぐ向き合った番組だったと思います。ただしこの番組では労働者の被ばく問題というのはほとんど取り上げていません。唯一発言があったのは、シリーズの4回目に討論会をやって、そこに出ていただいた高木仁三郎さんが、発言の中で被ばく労働者について語っているくらいです。

81年の番組に比べれば、89年の『いま原子力を問う』のほうが多くの市民に注目されました。当時は原子力関連の市民運動が非常に盛んだった時期ですし、ヨーロッパから来る食品が放射能で汚染されているということで、原発問題に対する市民の関心が高まった時期です。この番組でもヨーロッパでの事情を中心に様々な取材をしていますが、この頃から、原発の中で日常的に人が被ばくしているという視点が抜け落ちていったのではないかと、私は感じています。つまり、原子力に対する市民の意識が高まる一方で、放射能が外に放出されることが問題であり、逆に言えば放射能が外に出なければいいんじゃないのという考え方が、実はこのあたりから始まったのではないか、私はそう考えています。

ただ、そういう一方で、いくつかごく少数の番組が、原発内部での被ばくの問題を取り上げています。92年にNHKの名古屋放送局が、『中部ナウ　原発労働者・低線量被曝の実態に迫る』という番組をやっています。これは東海・北陸の地方だけの放送ですが、この番組は先ほどの嶋橋さんの被ばくと裁判を取り上げていました。

それから、93年の広島テレビの『プルトニウム元年・Ⅲ』という注目すべき番組があります。これは『プルトニウム元年・広島から』というシリーズで、広島テレビが92年からつくってきたシリーズ番組です。

当時日本は使用済み核燃料をフランスに預けて再処理をしてもらい、そこからできたプルトニウムを日本に持ち帰り、高速増殖炉「もんじゅ」で使うという計画で、「あかつき丸」という船でプルトニウムを国際輸送した頃で、日本がいわゆる核燃料サイクルという原子力の新たなラウンドに入ろうとしていた時期です。

それに対して被爆地である広島の放送局が、この問題を本当に放っておいていいんだろうか、この問題に対して自分たちが発信すべきことがあるんじゃないかといって立ち上げたのが、『プルトニウム元年・広島から』というシリーズなのです。

それで93年のシリーズでは、「隠される被ばく、ヒロシマは……」というタイトルで、先ほどの嶋橋さんが白血球が異常に増加している時期があったにもかかわらず原発の担当医は「問題ない」ということを記録上残しているとか、また広島における被ばくとがんの発症の時期との関係とか、あるいはアメリカが被ばくとがんの因果関係を認めようとしなかったことなど、様々なレベルで被ばくが「隠される」実態を暴いています。

その一方で、広島で被ばく者をずっと見てきた現地の医師たちが自分たちの手でデータを集めたら、やはりがんになる人が増えていることが初めて分かるのです。被ばくとがんの因果関係は、実はそういう広島の町医者たちが最初の提起者になっていったという歴史があるのですが、一方で原発の労働者が病気になっていくということは発掘されていないだけで、すごく大きな問題なんじゃないかということを、この番組は広島という独自の視点から見事に提起していました。

電力会社の介入と「脅し」

この番組は、様々な賞ももらい、反響も大きかったのですが、実はその後に、それをつくったディレクターとプロデューサー、さらに報道局次長と報道局長が全員、制作から営業部に配転になってしまいました。この間の経緯を私は彼らと会って聞いたのですけれども、結局、中国電力が介入したわけです。

どういうことかというと、この地方の放送局にとって中国電力は非常に大きなスポンサーなのです。日本の地方の民間放送というのは、多くは系列の東京の局がつくったものを放送していますが、一定程度、地方のニュースや地方の番組をつくっています。そういうものをつくる際のスポンサーはやはり地元の企業が多いのですが、その地元の企業の中で電力会社が持っている位置付けは圧倒的に大きく、場合によってはテレビ局の株主だったりもします。

この番組が放送された直後、中国電力が、契約上来期に払おうとしている1年間の番組の広告料について、とりあえず1000万円引き上げると言ってきて、実際に引き揚げちゃったんですね。しかも引き上げた分をライバルの局に持っていった。そうやって「脅し」をかけたわけです。そうなると局の営業が震え上がり、これでは局がやっていけなくなるということで、最終的にはやくざが指を切るような話になった。こういうふうにわれわれはけじめをつけましたという格好を見せて、局内で処分を下したのです。

結局、この番組のディレクターはその後10年間ずっと営業現場を回ることになり、定年間際になってようやく報道の現場に戻れたのですが、彼が言うには、局とスポンサーの関係自体が問題というよりも、一番大きな問題は、このような処分が下ると後輩が同じ問題の番組に取り組めなくなっていくということです。どんなに高い問題意識で取り組んで社会的に評価を受けたとしても、結局は現場から追放されてしまうわけですから。

チェルノブイリ事故からこの92～93年頃までは、原子力関連の番組が多かった時期ですが、この頃を境にだんだんと番組数も少なくなっていきます。90年代にも「もんじゅ」の事故や再処理工場の事故、それから東海村のJCO臨界事故など、多くのトラブルが起こり洪水のようにニュースが流れるのですが、それがすぐに終わってしまい、なぜそのような事態になったのか、問題の根っこにはいったい何があるのか、そういうところまで向き合おうとする番組はほとんど出てこないのです。

アメリカの思惑と被ばくの隠ぺい

テレビと原子力とは何なのか、テレビにとって原子力とは一体どういう関係にあるのかということを原点に帰って考えなおさなくてはならないと思います。

テレビと原子力、この二つはどちらも戦後アメリカが日本にもたらしたシステムなのです。どちらも、アメリカの同じ資本がつくっていると言っても過言はない仕組みです。例えばゼネラル・エレクトリックや、ウェスティングハウスなどは、どちらもテレビシステム及びテレビ受像機をつくる産業でありながら、原子力発電所の原子炉もつくる会社だったのです。そして正力松太郎という読売新聞の社主は、まさにアメリカのエージェントだったわけです。

アメリカがこの二つのシステムをなぜ日本に導入したかといいますと、まずテレビについては、明らかに冷戦下、共産主義に対してのプロパガンダ放送を行う媒体にするためです。日本の共産化をどうやって防ぐかということを考えていたアメリカは、ラジオのプロパガンダ放送（ＶＯＡ）がソビエトの電波妨害などで効力がなくなっていく中で、テレビを媒体にして日本を西側陣営に引き付けておきたいということで、日本にテレビを導入したわけです。そして、ＮＨＫはどうも左翼が多く信用できないので民間放送をぜひつくりたいというアメリカの希望もあって、正力松太郎が日本テレビを設立したのです。

原子力をテレビとともに導入したことについては、アメリカにとってかなりきわどい賭けであったと思います。１９５４年のビキニの水爆実験によって第五福竜丸の乗組員が被ばくしましたが、それをきっかけにしてそれまでずっと封印されていた広島の被害や被ばく者たちの記憶がよみがえり、恐らく戦後、この時期が日本人の反米感情・反核感情が最も高まったのではないかと思います。そこでアメリカはこの感情を押さえ込むために、「平和に利用して、日本を豊かにするために原子力を使う」というレトリックで、日本に原子力技術を渡すわけです。被ばくした国だからこそ「平和利用」を進めなければならないという見事なねじれによって、原子力というものが導入されていったのです。

テレビはもともと、プロパガンダ媒体として原子力の発展も応援するということを基本スタンスとしてきました。正力松太郎などは、テレビ局も原子力も主導していった人なわけです。もちろん原子力事故があれば、テレビ局も事故を人に伝えなければなりませんし、実際にそれなりにはやってきたと思います。

しかし、ある峠を越えて視聴者の関心が薄れてしまうと、テレビでは原子力の問題は扱われなくなってきます。例えば青森放送は六ヶ所村の核燃料サイクル基地の問題を非常によく取り上げましたが、住民の反対運動が静まってくると、テレビ局もこの問題を扱わなくなってしまう。テレビは民意と連動するときは強いが民意が弱まると無力化するという、限界を持っているメディアなのかなというふうに思います。

ところで、さきほどの広島テレビがなぜあのようなことになってしまったのかいう問題は、結構背景が深いのではと思っています。広島テレビが問題にしたことの中心は、原爆投下後の強い放射線の話ではなく、原発労働者が日常的に浴びるレベルの放射線のことで、それだって危険なんだぞというところに迫ろうとしたわけです。そして、そこを問題にされると、電力会社にとっては産業が成り立たなくなる可能性があるということなのです。つまり、原子力産業は恒常的に被ばく者を必要とする産業だということなのです。そして原子力産業を維持しようとする人たちは、少なくとも被ばく線量が一定のレベルに達しなければ健康に害はないという立場に立つ。しかし、決してそうではありません。

ある線量以下であれば大丈夫という考え方と、線量が低くても低いなりに危険があるという考え方、この二つがずっと対立を続けてきました。後者の考え方を言い出した一人にジョン・ゴフマンという人がいます。ゴフマンは、アメリカのローレンス・リバモア研究所という核開発最前線のところで生物部長をしていたのですが、彼は広島とアメリカの核施設労働者たちの被ばくデータから、低い値でも危ないということを言い出したのです。まさに核開発研究の最前線にいるゴフマンのこの主張に対して、今度は反対側がゴフマンはクレイジーな人間だと言っていい出す。そこから論争が始まっていきます。この問題は研究機関によって立場が全然違っていて、アメリカの科学アカデミーなどの研究ではどちらかといえば放射線は低いなりに確率的な影響があるという直線説をとっていますし、また別の機関はそうではないという主張をしてきました。この閾値《しきいち》があるかないかという話は、今はほとんど決着したといわれています。原子力産業との関係が深いICRP(国際放射線防護委員会)でさえ、1990年以降は「放射線の人体への影響に閾値はない」という立場を支持しています。

それでも、今もこの問題は、その団体の方針や利益によって言い方が変わってきます。単純に言えば、原子力産業を維持しようとする人たちとそうではない人たちとの間で異なってくるのです。ですから、広島テレビのことについて言えば、ある一線を越えて踏み込んだ報道があったがゆえに、原子力産業の「虎の尾」を踏んだのだと思います。つまり、原子力産業にとって絶対に譲れないところ、触れてはいけないところに報道が踏み込んだわけで、恐らく広島テレビに対する介入は、中国電力だけではなく同時に電事連(電気事業連合会)も動いていますので、国策的な意図のもとにつぶしにかかったではないかと思っています。

1945年に原爆が落ちたときも、建物などの破壊はニュース映画でもすぐに紹介されるのですが、被ばく者の映像はずっと隠されていました。特に投下翌々日に日本映画社(日映)のカメラマンが広島に入って撮った映像はものすごいのですが、直後に日本陸軍に没収されてしまいます。しかし日映はそのネガを隠し持っていて、戦後何かに利用しようとしたのですが、今度は米軍にそのネガを押さえられてしまいました。『8月8日の広島』の映像は今でも出てこないんです。

9月23日からは日本映画社が、広島で原爆のドキュメンタリーを撮り始めました。ところが、その

1カ月後にこれもアメリカからストップがかかります。アメリカ側も言論弾圧をしていると言われるのも嫌なので、アメリカの戦略爆撃調査団と一緒になって映画をつくりましょうと日本映画社に言って映像を撮ったのですが、撮った途端にその映画とネガを全部アメリカに持っていってしまったのです。原爆映画というのはずっとその後20年以上お蔵入りになってしまって、見られないままになりました。このように、被ばく者の映像というものは徹底的に隠されてきたのです。

１９４５年の9月6日にはマンハッタン計画の副責任者だったファーレル准将が、原爆の放射能で苦しんでいる者はいないんだ、ということを言っています。もし原爆による被害があるとすれば、それは原爆が落ちてからの1分間の被害、つまり強烈な衝撃波や熱線、原爆が持っている最初の破壊的な力による被害であった、環境にまき散らされた放射能による被害ではないということをものすごく強く言っているんです。それは、被ばく者の存在、放射線による被害があっては困るからです。

その理由の一つは、国際法に触れてしまうような、長きにわたって人を苦しめる人道に反するような兵器であることの証明になってしまうからです。

そしてもう一つは次のような事情です。１９５０年代の初期にネバダの核実験場で行っていたアメリカ軍の戦闘訓練では、原爆を落とした後、まず兵士はしばらく伏せたりして衝撃波を防ぎ、その後立ち上がって、向こうに突進突撃するということをしていました。つまり、当時アメリカは原爆を戦術核として実戦に使うということを考えていたのです。そうすると、放射能がそこにあって兵士が被ばくするというのはまずいわけです。熱線と衝撃波を防ぐ「伏せ」という行為を訓練して、終わったら爆心地へ行っていいということが言えなければ、彼らの考えた戦術核の利用はできなかったわけです。放射能と被ばく者を徹底的にアメリカが隠したかったのは、当時の核戦略の考え方に理由があったのです。アメリカが原爆を少なくとも戦術核として使うことを考えなくなった時期になると、被ばく者を映したフィルムが返ってくることになるのです。

したがって、被ばく及び被ばく者についての隠ぺいというのは、実に重層的なレベルで行われているといえます。原子力産業の経済行為であったり、安全保障上の考え方であったり、様々な都合の中で隠されてきたのです。

ソ連も汚染を隠ぺいした

このように放射能とか被ばくについて隠し、人をだますことがいかに大変なことなのか、そのことをチェルノブイリの汚染地帯を事例にして見てみましょう。チェルノブイリ原発から30キロ圏は汚染地帯として公表されて、すぐに――すぐにといっても事故から6日もたっていたのですが――避難が行われた場所です。実はこの30キロ圏内と同じくらいの濃度の汚染地帯が、100キロ、130キロ、200キロと離れたところにあるわけです。ここの人たちは1989年になるまで、自分たちのところが実はみんなが避難したのと同じくらい汚染されているところだと知らされてこなかったのです。事故後もそこに3年間ずっと住まわされ、そこで汚染された食べ物を食べ続けて、汚染された牛乳を飲み続けたわけです。そしてここの子どもたちには非常に多くの甲状腺がんや病気が現れ、89年から90年にかけてようやく避難宣言が出て避難することになります。しかしソビエトは本当ははじめから知っていたんです。事故の直後から飛行機を使ってサーベイをやりますから十分よく知っていたし、そのころにつくった汚染地図を私も手に入れましたけれども、全部わかっていたのです。分かっていたのだけれど、ここの汚染を認めてしまったら経済が成り立たない、彼らをいったいどこに避難させるんだ、そのようにソビエトも見切ってしまったのです。

なぜ汚染を隠しだますことが大変なのかというと、もちろんまず一つはその地の人たちが被ばくして、重大な健康問題を起こしてしまうからです。そしてもう一つは、ウクライナの人たちはこのことで本当に怒ったのです。ウクライナの独立運動というのは、89年から90年にかけて起こってくるのですが、そのエンジンになったのは、チェルノブイリ事故においてソビエトがとった行いなのです。自分たちをだまし続けて、被ばくさせ続けたことにソビエトに対する怒りが高まっていき、その後ソ連崩壊が起こりますが、ウクライナがとにかくソ連から離れたいと強烈に言い出したことが、やはりソ連崩壊の最も大きな引き金だったと私は思います。

しかしチェルノブイリのような破局的事態があったにもかかわらず、20年以上たっても事故の総括はできていません。総括どころか世界は急激な速度で事故を忘れていく方向に動いていて、原発を推進していこうと突き進んでいます。特に日本は世界でチェルノブイリの後もずっと原発をつくり続けた数少ない国ですから、その後パワーアップしています。日本のメーカーがアメリカの原発関連の企業を支配下に置いたり、今度は日本が原発をアメリカや中国、インドに輸出しようとしています。

そしてまた、六ヶ所村の再処理工場もこれから動きます。これは、扱っている放射能の量も日々放出される放射能の量も、原子力発電所とは比較にならないほど多い施設です。そういうものが今から動く、そこで数千人の従業員が働き、被ばくの機会がどんどん拡大していこうとしているわけです。

にもかかわらず、そのことがわれわれの意識から遠のいている。原子力がブラックホールに入っている現実を、私たちは考えなければいけないと思います。

最後に一言だけ申し上げたいのは、イメージのブラックホールに重大な問題が投げ込まれていくと何が起こるかというと、ものすごく単純な「刷り込み」が行われやすくなってしまうのです。例えば、電気事業連合会がやっているCMでは、アニメを使って、「太陽光・風力・原子力・みんなエコ」と言うんですけれども、これにはすぐにだまされてしまうんじゃないかなという危惧があります。特にCO_2だけに近視眼的になってしまうと、どんどんたまっていって行き場のなくなった放射性物質の問題が見えなくなってしまうのです。作り手にとってもまた受け手にとっても、情報が単純な「刷り込み」にならないためには、問題の内実とは何なのかということを刻んでいくこと、網膜レベルだけではなくて心象に刻んでいくような作業をしていかないといけない、メディアをやっている人間としてそのようなことを考えている次第です。

第6章　原子力50年　テレビは何を伝えてきたか

（『NHK放送文化研究所　年報2008』）

テレビは「体制と密接なメディア」であり「大衆のメディア」

天空に向かい一筋に上がる黒煙。ヘリコプターの機体に装着されたカメラは、そこにリモコン操作特有のためらいのないズームインを続ける。

中越沖地震の発生から1時間後の２００７年7月16日午前11時13分、東京電力柏崎刈羽原発上空から送られた映像は、原発で発生した火災を全国にリアルタイムで伝え、その後何度も放映されることで地震によって、原発に緊急事態が起こりうることを世界中の人々の脳裏に焼き付けた。火元は原子炉本体がある建屋ではなく外付けの変圧器であったが、原発から黒煙が上がるイメージは1カ月後の討論番組で東電顧問が「ＮＨＫさんが熱心に映したおかげで……」とこぼすほど、かつて「絶対安全」と謳われた巨大科学システムの脆弱さを印象付けたのである。

原子力が日本で産声をあげて半世紀になる。柏崎で黒煙が上がった日から約50年前の１９５７年8月27日、茨城県東海村の日本原子力研究所でアメリカから導入した実験炉ＪＲＲ－1が初の臨界に達した。以来、資源小国・日本では「原発列島」と評されるほど各地に急ピッチで原子力発電所が建設され、現在全国17カ所に立つ５５基の原発が全電力の30％を供給している。と同時に原発の建設に際しては各地で激しい反対運動が起こり、多発する事故に対して厳しい批判が集まるなど、緊迫した情勢が続いている。

１９８５年からＮＨＫが行ってきた世論調査では、ずっと、半数以上の人が「原子力は必要」と答えながらも、８割を超える人が「原発は危険」と答えてきた。[*1]

一方、同じくアメリカからの技術導入により日本でテレビ放送が始まったのは１９５３年、原子力と同時期である。若干の時差がありながらも原子力とほぼ同じ歳月を歩んで成長してきたテレビは、原子力を推進する国（政府）から放送局が電波利用の免許を受けており、民放の場合はさらに原発を所有する電力会社が有力なスポンサーでもある。この立場上の難しさに加え、一般人の立ち入りが厳しく制限される原子力施設に関する情報は、一義的に当該企業のみが知りうる立場にあり、必ずしもすべてが情報公開されるとは限らない。

そうした内外の障害を抱えながら、テレビはこれまで原子力に関わる様々な映像を映し出してきた。それは、時にどんな言葉より雄弁に原子力の素顔を伝えた。１９５７年、初の原子炉の完成を祝い、くす玉が割られ「原子力平和利用」を象徴する鳩が放たれた日本原子力研究所（原研）構内。１９７４年、試験航海に出ようとして無数の漁船群に取り囲まれ立ち往生した原子力船「むつ」。１９８６年、事故直後炉心が赤く燃えるチェルノブイリ原発４号炉を捉えた空撮、２年後の88年「朝まで生テレビ」（テレビ朝日）の夜通し口角泡を飛ばす議論。そして１９９９年、東海村臨界事故で放射線の放出が続く中、避難した付近住民たちや被曝により死亡した作業員の痛ましい姿……、テレビは時に原子力への理解を促す番組も作る一方で、国や電力会社と反対する市民のすさまじい軋轢や議論、原子力事故の生々しい傷跡を伝えてきた。まさに「現在を映す鏡」であった。

他方、この50年に放送されたニュースや番組を総体として閲覧し、テレビが原子力の導入、開発、発展そして挫折の歴史について、何を、どのように伝えてきたかを本格的に検証する試みはこれまでなかった。新聞など活字メディアと異なり、映像メディアではアーカイブスの公開が遅れていることなどが原因である。本稿研究は、デジタル化時代を迎え映像アーカイブスが充実化に向かう中で、テレビ放送は原子力について何を報じてきたのか、あるいは何を報じなかったのかを明らかにし、検証する実験的試みである。

また第Ⅱ節で触れるように、テレビと原子力はともに戦後アメリカから日本に持ち込まれた2つの巨大な技術システムであり、その導入には特異な政治的背景もあった。そして前述したようにテレビは「(国や電力会社など)体制と密接なメディア」であると同時に、その後「大衆のメディア」としても存在感を増していった。このテレビの二面性は、原子力報道の歴史にどのような影を落としているのだろうか。本稿のもう一つの視点はそこにある。

なお本稿において「原子力」とは原爆や水爆など核兵器以外の核エネルギー利用を指しており、主として原子力発電所と関連施設、原子力艦船や少数ながら放射性同位元素の産業への利用なども含まれる。

《研究の方法》

本稿研究の対象は主としてＮＨＫが取材、編集したコンテンツ（ニュースおよび番組）である。そのソースは埼玉県川口市と東京・渋谷の放送センターにまたがるＮＨＫアーカイブスに保管されるコンテンツ、そしてＮＨＫの地方局が制作して保管するコンテンツである。また一部ではあるが、横浜にある放送番組ライブラリーで民放が制作した番組を視聴し、正確を期するため関係者に取材した。

Ⅰ　ＮＨＫアーカイブス・データベースで見る原子力報道の概容

1．分析コンテンツの収集方法

本稿の最初にＮＨＫアーカイブスの仕組みと利用法について説明し、どのような手順で原子力に関する映像コンテンツにアクセスしたのかを明らかにしておく。

ＮＨＫは１９８１年から組織的に番組の保存を開始、これまで73億円を投じて川口に施設を建設、２００７年３月現在で１４２万２０００項目のニュースと51万６０００本の番組（全国計ではニュース３９７万７０００項目、番組６１万２０００本）を系統的に保管、フィルムが多かった初期のコンテンツもＤ３、Ｄ５などのデジタル媒体に移し替えている。

最近保存は軌道に乗り、年２万本ものコンテンツがベアトスというシステムで詳細な構成表や権利情報などメタ情報が打ち込まれた上で登録される。これら登録された番組の情報はＮＨＫアーカイブス・データベースに収められ、ＮＨＫ内のイントラネットを通じてアクセスできる。*2

アーカイブスのメニューには、ニュース原稿や写真、音楽、図書などに混じって「ニュース・番組」という項目がある。そこをクリックして検索画面に至る。キーワード検索に際して事前にいくつかの条件を設定する。まずコンテンツが発生した放送局の特定。地方局も東京も含めた「全局」、東京を意味する「本部」、特定の地方放送局を指定する「局」から選択する。次にキーワードがかかる範囲を番組タイトルだけにするか、構成表や基本情報に書かれた番組内容欄にも及ばせるかを決める。さらにニュース、番組、ラジオの選択（重複可能）、コンテンツの発生日（放送日）の範囲を指定する。

図1　発生年代別の保存コンテンツ件数

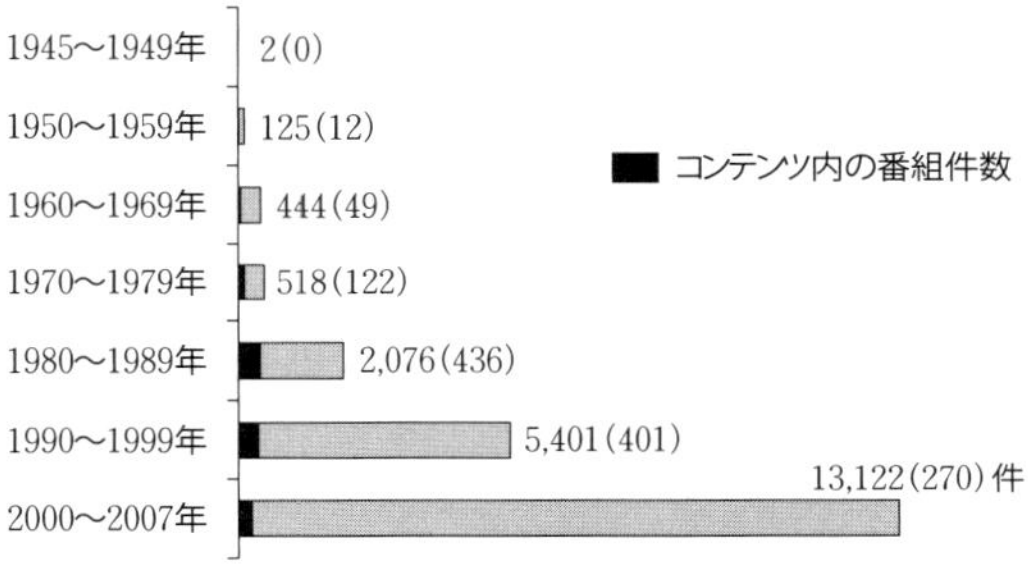

（1945年1月1日〜2007年9月11日，括弧内は番組の件数）

2．２万２０００件のコンテンツの輪郭

＊発生年代ごとのコンテンツ件数

こうした条件下でキーワードを「原子力」として入力、まずコンテンツを発生時代別にわけて把握する。コンテンツ件数は合計２万２０３６件であった。初期のコンテンツが少ないのは生番組が多くて保存されず、フィルム素材も保存されないことが多かったからである。

図１のグラフで注意すべきなのは、まず検索結果の中にはニュースや番組の素材も含まれているため、数字がすべて放送されたコンテンツとは限らないこと、また同一コンテンツのテープを例えば東京と地方局など違う局で別々に保管している場合、保存コンテンツ件数は重複してカウントされることである。２０００年

以降コンテンツ件数が急激に増えたのは、1981年から開始されたニュース・番組の保存の徹底が図られたこと、原発の老朽化で事故やトラブルが増加していることなどが関係している。

＊発生局別のコンテンツ件数

全国で原発が立地している県は13、ウラン濃縮工場があったり、放射性廃棄物の研究施設や処分場などが立地していたり、立地が取り沙汰された県は7に上る。こうした地域の放送局（地方局）にブロック放送番組[*3]などを制作する拠点局を加え、さらに本部である東京も加えて、コンテンツ発生（保管数でもある）の日本地図を作ってみた（図2、省略）。濃い部分はコンテンツ中に占める番組件数の割合である。

まず飛びぬけて多い東京では、全体の3分の1にあたる7646件のコンテンツが発生した。そのうち945件が番組で、日常のニュースからチェルノブイリなど海外を舞台にした大型取材番組まで豊富な内容が保管されている。

次に多いのが1960年代に着工が始まり、県下に15基の原子炉が立つ福井放送局の1778件。ただしテレビ番組件数はゼロである。「原発ベルト地帯」のある福島放送局が1504件で3位、世界最大の発電容量を誇る柏崎刈羽原発を抱え、1995年には巻町で原発建設の賛否を問う住民投票があった新潟放送局が1259件でこれを追っている。

この「原子力コンテンツ発生局日本地図」を眺めていると、番組件数こそ少ないものの日頃のローカルニュースを出す地方局の役割と、ブロック放送番組を制作する拠点局の仕事に考えが及ぶ。

本稿においては、拠点局でもあり全国でも最も激しい反対運動が展開された伊方原発を抱える松山放送局、足元に女川原発、管内には福島第1、第2原発、青森の東通原発と開発中の大間原発、六ヶ所村の核燃料サイクル基地を抱える仙台放送局発生のコンテンツに注目した。

＊原子力は何と関連づけて伝えられたか？――セカンドキーワードによるクロス検索

「原子力」と一口に言っても、その問題の在り様は多岐に及んでいる。「事故」「安全」「経済」「エネルギー」「放射能」「被曝」「廃棄物」「環境」「地球温暖化」「地震」「核燃料サイクル」「プルトニウム」「再処理」「核拡散」……、これらをセカンドキーワードにしてクロス検索することで、NHKのニュースと番組は原子力に関してどのようなテーマをよく扱い、どのようなテーマへのアプローチが少ないかを推し量ってみた（図3）。

図3　原子力は何と関連づけて伝えられたか？

セカンドキーワードによるクロス検索結果

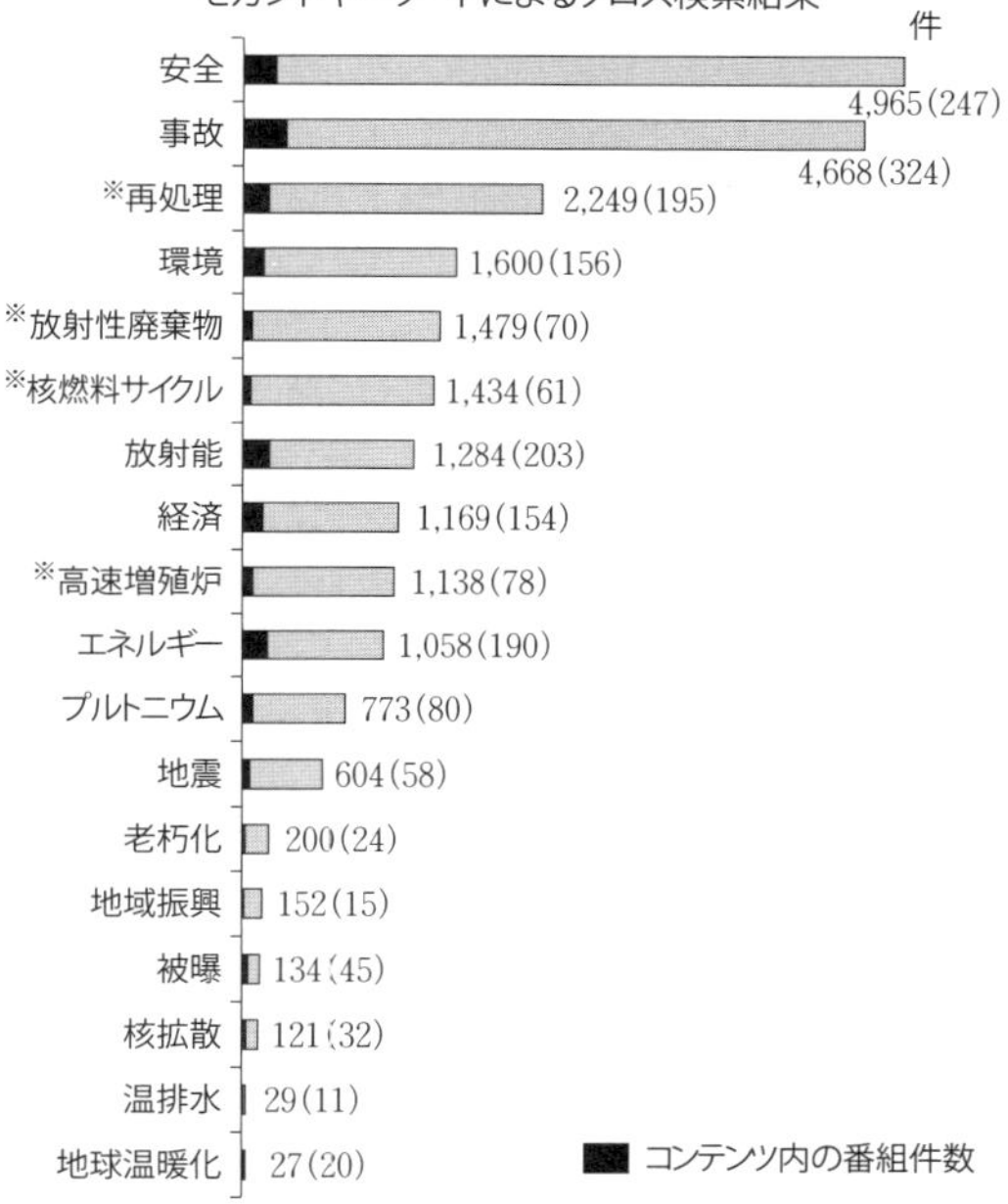

（1945年1月1日～2007年9月11日，括弧内は番組の件数）

なお、テレビ放送開始前の日時

が、その後放送に用いられる外部制作のニュース映画などの発生日にされているケースもあることに鑑み、クロス検索は1945年1月1日を始点に2007年9月11日を終点とした。括弧の中はコンテンツの中の番組件数を表す。また※印はキーワードは「原子力」の下位カテゴリーとして独立しているため、単独での検索データを用いた。

図3を見てわかるのは、原子力に関するニュースや番組では圧倒的な比重で「安全」や「事故」に関する問題が取り上げられていることである。原子力報道の中核テーマであるといっても過言ではない。次に目立って数字が大きくはないが、「放射能」「経済」「エネルギー」「環境」といった原子力を語る際の必須用語がそれぞれ1000件以上のコンテンツ件数に達しており、基本的な関心事項であったことが確認できる。意外なのは「再処理」や「高速増殖炉」など国の進める次段階の原子力計画、核燃料サイクルに関するコンテンツの多さである。世界を騒がせたプルトニウム輸送や高速増殖炉「もんじゅ」と東海再処理工場での事故、さらに六ヶ所村の核燃料サイクル基地建設など1990年代以降に問題が噴出したテーマで、同時にアーカイブスが充実し始めた時代のコンテンツであったからかも知れない。

また「地域振興」のようなローカルでは切実なテーマや、「被曝」という原子力の宿命ともいえる問題へのアプローチが比較的少ないことも意外である(詳細は第Ⅻ節で論じる)。そしていま、世界の原発推進の掛け声の一つになりつつある「地球温暖化防止のため二酸化炭素を排出しない原発を増設する」という議論に関わるコンテンツは、総数としては27件と少ない。

図4　事故・トラブル別の保存コンテンツ件数

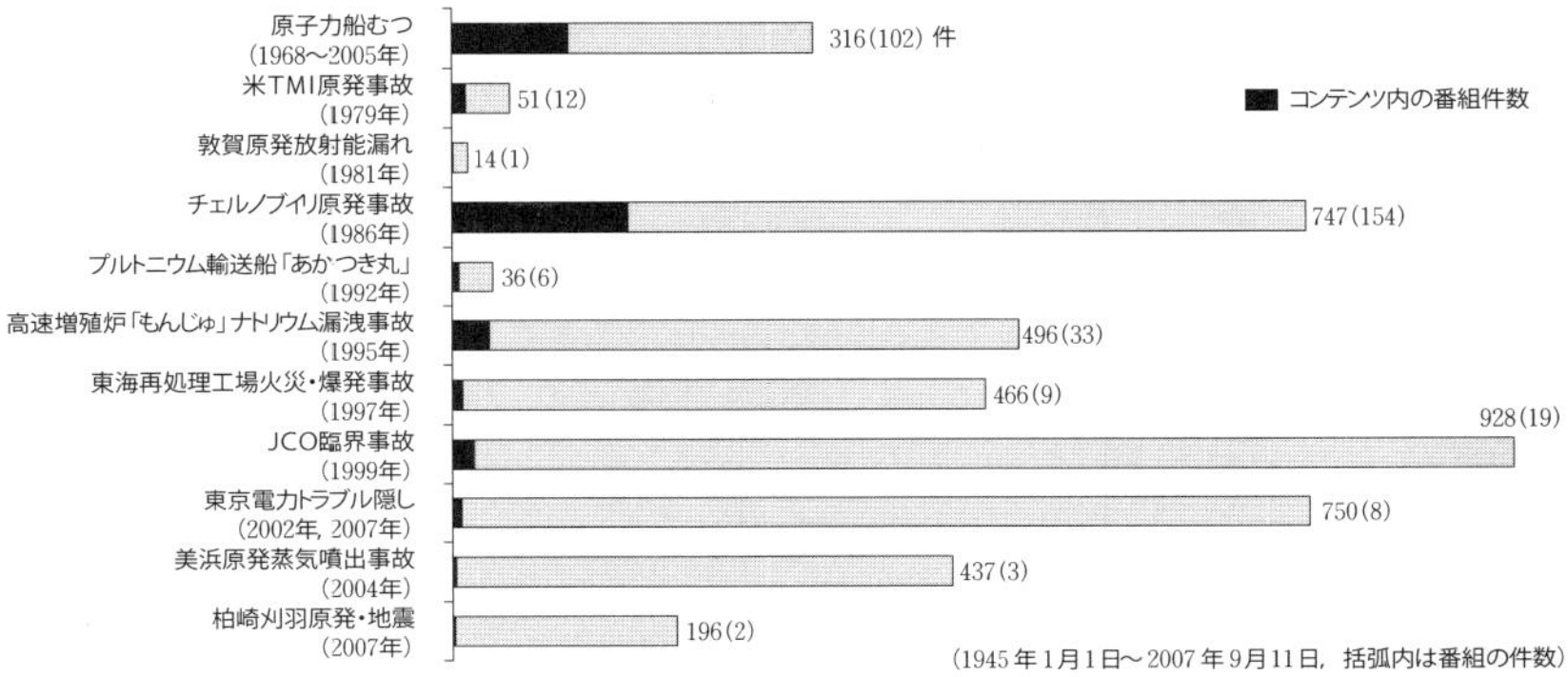

＊事故・トラブル別の検索

次に中核的なテーマである「事故」に関するコンテンツの内訳を、内外で起こった有名な事故、トラブルの名前で検索して探った(図4)。このグラフを見ると、1999年に東海村のウラン加工会社JCOで起こった臨界事故、1986年旧ソ連・ウクライナ共和国で起こったチェルノブイリ原発事故のコンテンツ件数は多い。ともに作業員が被曝の結果死亡した事故で、特にチェルノブイリは事故の影響を継続して追い続ける特集が事故後21年間継続的に組まれ、救済団体の手で現地の子どもたちが毎年保養のため来日して各地に滞在、また日本人医師が現地で医療に携わるなど広範なテーマで取材が行われてきたことを反映している(詳細は第IX節で触れる)。

2002年と2007年の2回にわたって、隠してきた事故やトラブルの隠ぺいが発覚した東電に関するコンテンツ件数も多い。内部告発を機に次々と判明する事実を追ったニュースやクローズアップ現代などの番組が中心だが、原子力における情報公開の重要性とその実現の難しさという根本的な問題への関心の深さを感じさせる。

原子力船「むつ」については進水から廃船になるまで30年近く、機会あるごとに報道しており、いわば長編の記録集となっている(第Ⅵ節参照)。

3．視聴するコンテンツの選択

本稿研究ではこの50年、原子力についてテレビで「何がなぜ伝えられ、何がなぜ伝えられなかったか」を明らかにするためコンテンツの視聴による内容分析を行った。

研究にかけられる時間に限りがあるため、2万2000件の中から視聴するコンテンツを選択することにした。選択が偏らず、2万2000件全体を代表するサンプルとして機能するように以下の(1)から(4)までの基準を設け、さらにテレビ全体に視野を広げるため(5)を加えた。

(1)視聴の基本的な対象は、「ニュース」に比べ時間が長いため制作者の視点や主張が反映されやすい「番組」である。だが1950年代から1970年代までの初期は番組が少ないため、ニュースも選択した。1980年以降は番組のみの視聴とした。

(2)「何を伝えたか」というテーマが焦点であるため内容の重複はできるだけ避け、なるべく多様な内容を拾い上げた。そのとき図3に見るテーマ別のコンテンツ件数の集中の具合や図4の事故・トラブルごとのコンテンツ件数の偏りを参考にして、保存されたコンテンツの全体像をトレースするよう心がけた。

(3)図2のコンテンツ発生局が広く原発のある地域に分散している傾向を反映するため、東京の番組だけでなく、NHKの地方局制作のニュースや番組も積極的に視聴した。

（4）組織力による取材番組で、いわば社説にもあたるNHK特集やNHKスペシャルに偏らず、制作者個人の視点が反映される紀行番組や衛星放送、教育テレビの番組にも目を通した。

（5）スポンサーによる制約のないNHKに比べ、電力会社はじめ原子力関連産業がスポンサーである民放にとって、原子力問題は扱いが難しいテーマである。その状況下、積極的に原発問題を報じてきた地方の民放に注目し番組を視聴した。

9月初旬までに全コンテンツの約100分の1に当たる222件のNHKアーカイブスのコンテンツ（うち番組が120件）を視聴した（一覧表は省略）。

次節からはコンテンツを視聴する際にとったノートを基礎に前節で記したコンテンツの偏差を参考にしながら、時代ごとに、またテーマごとに視聴した内容と伝えられ方を検証する。

Ⅱ　1950年代原子力はテレビに続きアメリカから導入された

1．原子力平和利用は米ソの世界戦略だった

NHKアーカイブスで「原子力」をキーワードに1945年以降1959年までに発生したコンテンツを検索すると125件と少なく、そのうち番組は6件しかない。またコンテンツにはNHKではない外部制作のニュース映画や映画などが目立つ。テレビ放送開始まもないこの時期、NHKも民放もすべてのニュースや番組を制作する体制が整っておらず、日本ニュースや毎日世界ニュースなどに素材を頼っていたからである。

原子力平和利用の黎明期に当たるこの時代の出来事は、その後の日本の原子力開発のあり方、メデ

表１　日本へのテレビと原子力の導入過程

1953年	2月	NHK, テレビ本放送開始
	8月	日本テレビ放送網, 放送開始
	12月	アイゼンハワー米大統領, 国連演説
1954年	3月	アメリカ, ビキニで水爆実験, 第五福竜丸乗組員被曝
		中曽根康弘衆議院議員ら, 国会に原子力予算提出
	9月	原水爆禁止運動署名1,000名突破
1955年	2月	総選挙で正力松太郎氏, 衆議院議員に初当選
	5月	原子力平和利用使節団, 来日
	11月	原子力平和利用博覧会, 開始
		日米原子力研究協定, 調印
		アメリカから濃縮ウラン受け入れ
		日本原子力研究所（原研）設立
	12月	原子力基本法など3法　制定
1956年	1月	原子力委員会, 設置　正力氏が初代委員長に就任
	3月	日本原子力産業会議, 発足
	5月	正力氏, 初代科学技術庁長官に就任
1957年	8月	原研（東海村）の第1号実験炉で初臨界
1963年	10月	原研の動力試験炉で初の原子力発電

ィアと原子力の関係に少なからぬ影響を与えてきたので、コンテンツ分析に入る前に経緯を少し詳しく記しておきたい。

　戦時中に原爆研究をしていた日本は、終戦直後には占領軍によって原子力研究を禁止されていた。そしてサンフランシスコ講和条約をへて独立した１９５２年、日本の原子力研究は解禁された。翌１９５３年に事態が大きく動いた。日本ではテレビの導入については前年までに正力松太郎・読売新聞社主がアメリカの応援を得てＮＴＳＣ方式のテレビジョンシステムを導入することを決め、独自の方式を開発してきたＮＨＫに先んじて最初のテレビ局の認可を受けていた。そしてこの53年の２月にＮＨＫが、８月に日本テレビがテレビ放送を開始する。

　このときアメリカが日本に民間のテレビ放送局を作ろうと動いた目的が、テレビを使って日本人を教育、啓蒙して共産主義の伸張から守る「対日心理作戦」の遂行にあったことは最近の研究で明らかにされている。[*4]

一方、同じ1953年8月ソ連が水爆実験に成功、核開発で初めて先を越されたアメリカのアイゼンハワー大統領は原子力情報を機密としたそれまでの政策を180度転換、「核物質を国際機関で管理し原子力の平和利用を進める」ことを世界に呼びかける演説を国連総会で行った。[*5]

このときアメリカにとって「原子力」はテレビと同じく、日本など同盟国が共産主義陣営になびかないようつなぎ止めるための手立てとなった。とりわけ1954年にソ連が世界初の原子力発電に成功すると原子力による同盟関係の強化は戦略上ますます重要になり、アメリカは一度提案した国際管理案を棄て、濃縮ウラン供給と技術供与を種に西側友好国と二国間協定を結ぶ方針に転換する。

日本への原子力導入の舞台裏は、NHKアーカイブスにある当時のニュース映像からは窺い知れない。だが40年後に制作された番組に詳しく紹介されている。

➡現代史スクープドキュメント『原発導入のシナリオ～冷戦下の対日原子力戦略』

（1994年3月16日、GTV〈総合テレビ〉全国放送、44分）

当時日本テレビの専務で、正力松太郎氏の片腕としてアメリカとの交渉に当たった柴田秀利氏が残した文書をもとに制作された番組。

テレビに続き原子力技術と濃縮ウランを供与するアメリカの外交戦略、それに反発する日本の世論、それをメディアの力を利用して正面突破、導入の道を開いた正力氏や柴田氏の動きが描かれている。

このとき問題だったのは1954年3月にアメリカがビキニ環礁で行った水爆実験により焼津のマグロ漁船第五福竜丸の船員たちが死の灰を被り、その後死者も出て国内に「広島、長崎に次ぐ3度目の被曝」を糾弾する激しい世論と反米感情が沸き起こったことだった。アーカイブスのこの頃のニュース(『ひろがるビキニの波紋』〈1954年3月20日〉など)の映像を見ると放射能汚染されたマグロを穴に埋める場面や、買い手がいなくなって閑散とした魚市場などが映されている。原水爆禁止署名運動は全国で3000万人の賛同を集め、街頭デモが繰り返されていた。前述の番組『原発導入のシナリオ』は当時のアメリカ国務省が「核兵器に対する日本人の過剰反応ぶりは日米関係にとって好ましくない。核実験の続行は困難になり原子力平和利用計画にも支障をきたす可能性がある」と危機感をもっていたことを指摘している。*6

この状況下で柴田氏はアメリカから「原子力平和使節団」を招くことを提案、翌1955年には世界最初の原子力潜水艦ノーチラスを完成させたジェネラル・ダイナミクス社のジョン・ホプキンス社長とノーベル賞受賞者の物理学者アーネスト・ローレンス氏を日本に招いて各地で講演会を開き、その後原子力平和利用博覧会を開催したのである。

「日本には毒をもって毒を制すという諺がある。原子力は両刃の剣だ。原爆反対を潰すには、原子力の平和利用を大々的に歌い上げ、希望を与える他はない」*7と考えた柴田氏らのアイデアでホプキンス氏の講演会を日本テレビが生中継し、新聞が一面記事で伝えるなど読売グループは総力をあげたキャンペーンを行った。新聞もテレビも原子力特別調査班を作り、原子力受け入れの世論作りに邁進したのである。

一方NHKアーカイブスには全国巡業した原子力平和利用博覧会の広島でのキャンペーンの映像が残されている。

⬇NHK週間ニュース『原子力平和利用博覧会で100万人目の入場者』
(1956年6月9日、GTV全国放送)

全国でのべ100万人目の入場者である高校生の男子が、女性コンパニオンから当時原子力時代の象徴とされたマジックハンドで花束を受け取り、はにかむ。

わずか11年前に原爆が落とされ反核感情の原点であった広島で「被爆地だからこそ平和利用に貢献しよう」と原子力の平和利用が認知された効果は計り知れなかったという。

正力松太郎氏は、伸るか反るかの賭けだったこのキャンペーンの成功が、原子力平和利用に道を開いたターニングポイントだった、と当時記している。*8

2.「テレビの父」が「原子力の父」に

こうして1955年11月には日米原子力協定が結ばれ、アメリカから日本に濃縮ウランが供給されることになる。12月には原子力基本法などが制定され、翌56年1月、正力松太郎氏は原子力委員会の初代委員長に、5月には原子力を担当する科学技術庁長官に就任、9月にはアメリカから輸入した第1号実験炉JRR―1の完成式に立ち会う。この頃正力氏はアイゼンハワー米大統領あてに「この(原子力)事業こそは現在の冷戦における我々の崇高な使命であると信じます」としたためた手紙を送っている。[*9]

ところでこの日本のテレビと原子力の父、正力松太郎氏が実はＣＩＡ（アメリカ中央情報局）のエージェントでＰＯＤＡＭという暗号名で支援されていたことが、最近アメリカ国立公文書館で公開されたＣＩＡ文書から明らかになった。[*10] それによれば、日本へのテレビ（後に原子力）導入のパートナーとしてアメリカが正力氏を選んだのは、第一に彼が戦前は警察官僚で筋金入りの反共主義者であったこと、第二に政財界に太い人脈をもつ実力者であったこと、第三に彼が当時発行部数３００万の読売新聞を率い、日本のプロ野球の父としてアメリカから球団を招聘するなど親米家であったことなどが理由であった。[*11] また原子力導入に際し切り札として送りこんだ原子力平和利用使節団を、街頭テレビなどで日の出の勢いの日本テレビを使って宣伝することも大いに期待されていた。[*12] アメリカは正力氏がもつメディアの訴求力を利用して、原子力平和利用の日本への浸透を図ろうとしていたのである。

＊社会に原子力を啓蒙するメディア

そもそもアメリカがテレビ技術を日本の一民間企業・日本テレビ放送網に供与したのは第一に冷戦開始とともに策定された「対日心理作戦」に基づいて、日本人が共産主義に傾かないよう教育するためで、第二にＮＨＫにも日本テレビにもアメリカ方式の技術標準を採用させ、関連設備や映像で日本のアメリカへの依存度を高めるためであった。その結果アメリカは、多くの部品の調達や特許料、ライセンスフィーなどで日本から利益を吸収することができた。同時にテレビ、通信、レーダー情報を統合したネットワーク化が可能になり、秩序維持と軍事戦略の安定化が計られた。[*13]

この原子力導入の一連の動きの中で正力松太郎氏は新聞などメディアの使命を「一般大衆に正しい知識を広める」ことだと指摘している。[14] そしてその有力な情報源はＵＳＩＡ（アメリカ情報局）であったといわれる。[15] ＵＳＩＡとは、アメリカ大使館にあって独立後の日本に対する「心理作戦」を実行するＵＳＩＳ（アメリカ広報文化交流局）の管轄局である。１９５６年２月のＵＳＩＳからＵＳＩＡへの報告では「１９５５年は、日本の新聞と雑誌に３５００の記事を載せ、５０００万人の有権者に影響を与えた。（中略）映像分野でも３５０万人がＵＳＩＳの映画を鑑賞し、ＮＨＫ、ＴＢＳの特集番組や読売映画社作成の映画に（素材として・筆者補足）使われた」としている。因みにＮＨＫアーカイブスには放射性同位元素を工業や農業に利用するアメリカの実践例を伝えるＣＩＥ／ＵＳＩＳ映画『原子力を産業へ』（１９５２年１月１日、９分４秒）、『原子力を農業へ』（１９５３年１月１日　11分６秒）が残されている。[16] 今日でも巨大科学技術である原子力についての情報は推進する電力会社や国の出すデータ・情報に依拠することが多いが、テレビはその導入の原点から、原子力平和利用を推進するサイドから「社会を啓蒙する」役割を期待され、かつ実行してきたのである。

３．日本学術会議の抵抗

ＮＨＫアーカイブスにあるこの時期（１９４５年～１９５９年）のコンテンツのほとんどがモノクロのニュース映像で、例えば１９５５年にはＮＨＫ海外週間ニュースで『完成急ぐ英原子力発電所』（１月８日、ＧＴＶ全国放送１分５秒）、『原子力の国際会議開く（ジュネーブ）』（８月12日ＧＴＶ全国放送１分43秒）、ＮＨＫニュースで『（日本）原子力研究所設立へ』（10月28日、ＧＴＶ全国放送、５分29秒）

など18項目が残されている。

原子力の研究段階から実用化への動き、海外の動きの紹介がこの時期のコンテンツの特徴だが、もう一つ特筆すべきは、日本の原子力開発の進め方をめぐって、海外から技術を導入してスピーディに行いたい正力松太郎氏や産業界と、研究に時間をかけて技術も独自開発すべしという科学者たちとの対立があったことである。

➡NHKニュース『原子力の平和利用について語る武谷三男氏』

（1954年12月29日、GTV全国放送、3分30秒）

戦前から原子核、素粒子理論を研究してきた物理学者の武谷三男氏が、新春番組のインタビューに和服姿で登場する。「原子力開発はまだ世界的に実験段階であり、採算がとれるのには15年くらい時間がかかる」と予測、またこの年にあった第五福竜丸事件、原水爆禁止運動などの騒ぎから落ち着くこと、秘密を少なくする正しい開発のあり方をしていくべきだ、と語る。そして「原子力はどさくさではできない」といい、先を急ぐ政府の開発推進に警鐘を鳴らす。

当時学者たちが原子力開発に慎重であった最大の理由は「平和利用を逸脱して核兵器開発に走る」危険性が否定できなかったことにある。日本学術会議で1954年2月に公聴会が開かれ、4月には後に原子力基本法に盛り込まれる「民主、自主、公開」という原子力開発3原則の声明が出された。これは事業者や国が開発の決定などに際しては付近住民も含め幅広い議論をして民主的に決めることや、輸入技術に頼らずに自主開発につとめること、安全性のためにも核兵器への転用を未然に防ぐためにも、十分な情報公開をすることを求めている。その後の日本の原子力開発にとって重要なエポックだったが映像も音声も残っていない。他方、正力松太郎氏サイドは音声も明瞭な、いくつかのコンテンツが残されている。

➡ＮＨＫ週間ニュース『首相官邸での原子力委員会』（１９５６年１月７日、ＧＴＶ全国放送、１分３秒）

１年の初頭を飾る週間ニュースの冒頭、ＢＧＭとともに首相官邸に集まる５人の原子力委員たち。正力松太郎氏と、ノーベル物理学賞受賞者の湯川秀樹博士、実業界から石川一郎、藤岡由夫、若き日の有沢広巳の各氏。正力委員長が太い筆で看板を清書し、「原子力委員会は大きくその一歩を踏み出しました」とのコメントが続く。

全体に原子力へのプラスイメージが見受けられるコンテンツである。因みにこの頃正力氏は「５年後に原子力発電所を作る」と述べて、慎重な姿勢を崩さない湯川博士らの顰蹙をかったという。[*17]

正力松太郎氏のインタビューは実験用原子炉ＪＲＲ-１が初臨界に達した１９５７年の８月と12月に行ったものがある。

➡NHKニュース『原子力平和利用の長期計画を語る正力原子力委員長』
（1957年12月18日、GTV全国放送、5分26秒）

記者会見で「原子力平和利用の長期計画」を語っている。
「資源に乏しく人口の多い日本が文明と産業の発達、生活水準を向上するには原子力に拠らなくてはならない。昭和40年までに60万kw、50年までに700万kwの発電をする。最初は英国のコールダーホール型、次にアメリカの増殖炉を導入し、国産炉も開発する。原子力はこれから安くなるけれど、火力はならない。遠い目で見れば、将来を考えて原子力に拠るべし」との持論を展開。

原子力発電が安価になるという主張には後に疑問符がつけられることになる。ただし資源小国・日本という基本タームはこれ以後、今に至るまで原子力の必要性を訴える枕詞に使われるようになるのである。

Ⅲ　1960年代――原子力に託された夢

新日米安保条約の調印で幕を開ける1960年代は、日本が戦後の貧しさを脱して高度経済成長へと離陸する時代である。この1960年から69年までの間、完成して稼動を始めた原子力発電所は茨城県東海村にある日本原子力発電の東海原発1号炉だけだが、福井県にある同じ日本原子力発電の敦賀原発1号炉、関西電力の美浜原発1、2号炉、東京電力の福島第一原発1号炉、2号炉が計画決定を経て着工し、その他の地域でも立地選定など建設計画が進められていた。

ＮＨＫアーカイブスにある１９６０年代の「原子力」コンテンツは４４４件、そのうちニュースが３９５件で番組は49件。白黒フィルムによる撮影が主流で次第にドキュメンタリー番組などが始まり、国内だけでなく稀に海外取材も行われている。

1．研究開発の光と影

ニュースの３９５件の中で東海村に関連したものが82件あるが、60年代に本格化する原子力研究開発を段階ごとに報じている。（ＮＨＫニュースのリスト、１９６０～66年、省略）

50年代にはアメリカから輸入した実験炉しかなかった東海村の日本原子力研究所にはその後国産炉を含め４基の研究用試験炉ができて発電実験も成功し、やがて民間会社の日本原子力発電の商業炉・東海原発1号炉（出力16・６万kw）が動き出すのである。１９６５年10月９日から『発展期を迎える我が国の原子力発電』という４回シリーズの企画ニュースが作られている。ただし気になるニュースもあった。１９６３年10月26日に日本原子力研究所（原研）で行われた日本最初の原子力発電は後にその日が「原子力の日」に指定されるほど歴史的な出来事だったが突然中止となる。アーカイブスに残る資料用のニュース素材は、長めである分、この日本初の原子力発電が突然中止になった背景を浮かび上がらせている。

➡『原子力発電問題――発電中止見通したたず』（１９６３年11月3日、10分14秒、資料）

映像は最初迎賓施設での祝賀会や制御室の見学者たちの明るい表情から始まる。だが夜になって運転員たちの表情は曇った。出力表示盤の針はゼロを指している（コメントがないためこのときの出来事を当時の新聞記事から補足すると、原子炉メーカーであるアメリカのGE、ジェネラル・エレクトリック社が約2時間運転しただけで原子炉を停止し、その後運転を再開しない日が続いた。GE社側は運転停止の理由は動力試験炉が運転中に原因不明の故障を起こしたり、原研の労働組合が突発的にストを行う危険性があるからと説明、原研労組はこれに反発した）。原研の菊池理事長はインタビューで暗い表情で話す。「原因不明の故障が起こるとか、ミスハンドリングが多いとか、2番目には絶えず組合のストライキの恐れを感じていた。そういう圧迫がたえず頭にあった」という内容でGE社の言い分と同じであった（巻末にある組合の部屋の掲示板には「理事長、組合との交渉拒否」の文字）。

実際、日本原子力研究所では労働組合が強く、とりわけ安全性の研究や安全管理の強化を要求して執行部と対立することがしばしばあったことが記録されている。*18 そうした研究現場の問題に光を当てたのが「原子力」に関する最も古い番組である次の作品。

⬇日本の素顔『原子炉の周辺』

（1963年2月10日GTV全国放送　30分）

茨城県東海村の国有林を切り開いて作られた日本原子力研究所の8年の流れを追いながら、人形峠におけるウラン鉱採掘、放射線の農業・医療への利用、原子力船の基礎研究、原子力発電の実情などが伝えられる。そして番組はこうした原研の基礎研究が応用と実用化を迫られる中で揺れていると指摘する。先を急ぐためアメリカなどから技術輸入がされる中で、「独自に積み重ねてきた研究開発の成果と努力が無になる可能性がある」と危惧する研究者の声を紹介する。

基礎研究を積んで独自の技術を開発することは、日本学術会議が提唱して原子力基本法に盛り込まれた3原則「民主、自主、公開」の中の「自主」にあたる重要な原則である。その原則が守られないことへのいらだちは当時現場の科学者、技術者の間にあり、輸入技術を使って先を急ぎたい政府に従う研究所幹部や管理職との間に摩擦を生んでいたのである。

そしてこの問題はやがて拡大して、ついに新たに動力炉・核燃料開発事業団が組織され、原研が行ってきた高速増殖炉や再処理といった新技術開発のプロジェクトを労使問題が少ない環境下で担うことになる。順風で進んでいるかに見えた日本の原子力開発だが、足元に1950年代の最初の原子炉導入時から引きずる問題が潜んでいたことがわかる。

2. アメリカの原子力艦船の入港問題(省略)

3.「原子力で未来を勝ち取る」

一方、世の中全体を見れば、まだ1基しか原発が動いていない1960年代の原子力をめぐる状況はその後の時代に比べ明るく、ごく一部の知識人を除いて大衆は原子力に対し夢を抱き、期待してい

た。ここではそんな様子を海外取材番組、国内紀行番組、アニメ番組の実例で検証する。（中略）

＊国内紀行番組に見る原子力への夢

高度経済成長により戦後の貧しさの克服を目指していた日本の場合、特に地方での原子力への期待は一味違っていた。

⬇日本縦断『茨城』（1961年12月6日、GTV全国放送、29分56秒）

茨城の各地を旅するこの番組の冒頭の初臨界から4年半がたった東海村の原子力センターの空撮はスケールアップした日本原子力研究所の姿を見せ、2号原子炉やマジックハンドで作業する場面が登場する。すでに1200人働いているというコメントが地域への「定着」を物語る。（中略）番組のテーマは後半の利根川周辺の水害地帯に鉄橋がかかり、かつて水運で栄えながらその後は度重なる水害で寂れた地域の復活を暗示した場面に色濃い。町をあげて鉄橋建設を祝うパレードの中「水害地帯の発展は夢物語ではない」とコメントが響く。

最後のコメントが効くのは、冒頭で原子力が「発展する未来」の象徴として描かれていることにリンクしているからである。番組の中で原子力と鉄橋は、ともに「発展から取り残された地域にも豊かになるチャンスを与える架け橋」としてイメージされているのである。いまや日本の原発銀座といわれる福井県の敦賀で、最初の原発が作られる頃を描いた次の番組にも「明るい未来」が登場する。

⬇新日本紀行『敦賀〜福井県』

（1966年9月19日、GTV放送、28分52秒）

若狭湾に突き出た敦賀半島の先端では敦賀原発1号炉の用地開発、造成工事の最中。戦前はウラジオストックと定期航路を結ぶ日本海きっての港町だった敦賀だが昔日の面影はない。ハマチの養殖や夏だけ賑わう観光が収入源の半農半漁のこの村に原発建設は大きな変化をもたらした。原発建設の資材運搬道路ができたため、それまで船でしか行けなかった半島先端まで車で行けるようになった。原発建設の土地代金や漁業補償金を得ることで村中が家を建て替えられた。補償金を資金に豆腐屋を開業した人もいる。タクシーは電話1本でくるようになり、アメリカ人技師が村にきたので小学生が英会話を学びはじめた……。

番組のラストコメントは小学生たちが原発の建設工事現場に案内される場面で「このあたりは原子力発電所完成とともに日本の原子力発電センターが出来上がり、道路の整備も進んで、科学と結びついた観光地『日本の敦賀半島』に生まれ変わるのですよという説明を、生徒たちは熱心に聞いていました」と読まれる。（図5　東京発と地方初・コンテンツ件数の推移、省略）

＊鉄腕アトムの夢

1960年代に原子力への期待や夢を最もイメージ豊かに体現し、社会に影響を与えたテレビ番組は国産初の長編テレビアニメ『鉄腕アトム』（1963年、フジテレビ）である。この手塚治虫の出世作では科学の子で、原子エネルギーで空も飛ぶロボットのアトムが主人公で、保護者のお茶ノ水博士や妹のウランちゃんと暮らしながら悪い敵を倒し、善の世界を守ろうとする。万能の力の源という原子力への夢が膨らんだ時代だからこそ生まれたこの物語は、子どものみならず大人も魅了し視聴率30％を超す人気番組になった。この頃、学問としての原子力も人気で、大学の物理学科や原子力工学科へは志願者が殺到した。

日本が本格的な原発列島と化す少し前、この頃テレビの中で原子力はまだ祝福を受ける存在だった。

Ⅳ 1970年代——軋む原発列島・反対運動の始まり

＊地方発コンテンツの増加

NHKアーカイブスにおける1970年から1979年までのコンテンツ件数は518件、うち番組が122件とテレビ番組の制作体制が充実してきた時代を反映している。また1950年代には全コンテンツ124件中117件が、60年代には444件中364件が本部（東京）で制作されたように、原子力報道はそれまで圧倒的に東京発であった。しかし70年代になると全体518件のうち東京発は345件で、残り172件が地方局で作られている。しかも1972年と74年は地方発のコンテンツ件数が東京発を上回り、1980年代後半以降の逆転時代を先取りするかのようであった。その背景には、この時代、全国各地で原発の建設が進み1979年末には全国11カ所で22基の原発が稼動するなど、日本が原発列島化したことがあげられる。そこでは原発がもたらす環境問題に端を発して各地で同時多発的に建設反対運動が起こり、地元の放送局の記者たちによる取材が始まったのである。

1．原発と環境問題――公害の時代に

１９７０年代は、60年代の高度経済成長を牽引した重化学工業などの産業活動の結果、海や河川、大気が汚染されて住民の健康に深刻な障害が現れる「公害」が顕在化した時代でもある。水俣病、イタイイタイ病、四日市ぜん息などの被害者たちが、当該企業や国を相手取って次々と訴訟を起こした。原子力報道においてもこの時代のニュース・番組には環境汚染に関わるものが目立ち始める。なお、この時代の東京発のニュースの多くはカラー化されたが、アーカイブスに残された映像は音声のないものが未だに多い。

➡ＮＨＫニュース『生物環境を破壊・高温排水の熱汚染』（１９７０年8月22日、ＧＴＶ全国放送、５分25秒）

三重県尾鷲湾の養殖場でハマチが大量死する事件が起こり、近くにある火力発電所から出る温排水の影響が疑われ、調査員がやってくる。次に映像は茨城県東海村にある原発と海への排水口を空撮で捉える。

「渚に近いこの排水口から出される温排水が海の生態系にどのような影響を与えるのだろうか」。ニュースコメントの音声があればおそらくそんな疑問を投げかけているのだろう。この問題はその後原発のできる地域の漁業者の懸念材料となり、漁業権補償をめぐる争いに姿を変えていく。次は7回目

の「原子力の日」の企画ニュース。

⬇『原子力発電実用化へ　環境汚染防止が課題に』（1970年10月26日、GTV全国放送、5分37秒）

1970年代始め、福井県では美浜原発1号炉が完成、高浜でも原発建設が始まるなど日本は原子力発電の実用段階に突入しようとしていた。だが火力発電所の温排水による養殖魚の死が衝撃となって伝わり、原発建設への反対運動が漁民を中心に始まる。愛媛県伊方町はその先進的事例で、役場に老若男女のデモ隊が押し寄せ、職員ともみ合いを演じる。そしてすでに4年前に発電を開始した東海原発では放射性廃棄物が溜まり始めた。

この流れは『原子力発電所に反対漁民700人が海上デモ』（1970年12月14日、GTV近畿ブロック放送、1分10秒）が取り上げる和歌山古座町周辺のニュースなどに受け継がれ、原子力の本家本元の茨城県東海村でもついに住民が不安を口にするようになった。

⬇『集中する原子力施設に住民の不安高まる』（1973年7月4日、GTV全国放送、4分55秒）

東海村では日本原子力研究所の実験施設が増え、動力炉・核燃料開発事業団の東海再処理工場が建設中。その施設が見える距離にある集落では赤ちゃんを抱いた母親が「放射能は怖いです。色もないし音もしない。広島の原爆でもすぐに影響が出なくても子どもに出てくる。この子は喘息なのでここに来たのですが……」と話す。東海村の川崎義彦村長も「これ以上原子力施設に来てもらいたくない。安全対策は、施設側が慎重な態度でやってもらわないと……」と述べる。

最後に役場の職員が放射線測定器で大気中の放射線量を計っている姿は、地元の人々の意識が原子力施設の安全性に懐疑的になり始めた時代を象徴している。

しかし原子力推進サイドの宣伝活動も続いている。

『原子力発電所から出る温排水を利用して魚の養殖』（1972年6月18日、GTV全国放送、4分59秒）。これは原発から出る温排水も恩恵をもたらす、と宣伝するために企画された事業であり養殖魚の種類を変えながら、最近まで続けられている。ただしよく見ると、日本原子力研究所の実験用原子炉の裏手に運びこまれた鯛の稚魚は最初は元気だが、温排水の生簀に入るとぐったりとなる。

一方、60年代の紀行番組では「未来への希望」として描かれていた原子力がこの頃の旅番組ではリアルな問題として登場する。

➡新日本紀行『サーカスの来るころ——福島県浪江町』

（1973年12月10日、GTV全国放送、29分）

秋深い紅葉の渓谷の空撮で番組は始まる。阿武隈山中から太平洋まで、山も海も川も平地もある人口2万の福島県双葉郡浪江町にサーカスが来た。ゆっくりと公演の準備をするサーカス団をよそに番組は、太平洋に面した小高町から大熊町まで20㎞にわたる海岸線に向かう。そこでは赤蟹、イナダ、ヒラメ、川のサケ漁などが行われるが、将来は原発の温排水で獲れなくなるかもしれないと危惧されている。この双葉郡には4つの原子力発電所、計16基の原子炉を建設する予定だという。ここのように港が少ない過疎地こそ原発建設地に適しているという。

番組は昭和42年(1967年)から反対運動をしている棚塩地区を訪ねる。「そんなに安全でいいものなら、東京に作ったらいいんじゃないか」。反対運動の参加者のセリフだ。

これは原発の作る電気のほとんどは東京など大都市に送られ、事故と廃棄物のリスクばかりが貧しい田舎の村に押し付けられることへの批判だが、この言葉はいまでも原発ができる地域の人々から発せられている。

この頃テレビは、原発立地の状況をどのように伝えていたか? それを知るために一つの地域を選んでコンテンツを探した。

2. 地方局が取材した原発建設をめぐる攻防

＊伊方原発の事例から(省略)

V 科学技術番組の登場

1970年代、地方局の記者たちが原発立地をめぐる問題で奔走する一方で、東京のNHK番組制作局ではその後のテレビの原子力報道を変える新しい潮流が起ころうとしていた。
戦後、日本が科学技術立国の道を歩む中でＮＨＫでは科学を正面から取り上げる番組を放送してきた。１９６１年、ソ連の宇宙飛行士ガガーリン少佐の「地球は青かった」という言葉が世界を駆け巡った年に始まった『科学時代』はそのさきがけだった。その後『あすをひらく』『あすへの記録』『科学ドキュメント』『クローズアップ』と名前を変えながら科学ドキュメンタリーは、深刻化する公害や頻発する航空機事故などの社会問題、医学や工学の最先端の研究などに光をあて、時代を科学の視点で切り取ってきた。[*20]
１９７１年４月に始まり78年まで続いた「あすへの記録」は最初の本格的な科学ドキュメンタリー番組である。ＮＨＫアーカイブスには今日３００件のコンテンツが保存されているが、そのうち「原子力」をテーマとするものが５番組、本稿ではその中の３番組を紹介する。
「煙突のない発電所、原子力発電所は『公害のない産業』といわれる。しかし、それは有害な物質がゼロであることを意味するのではない」というコメントで始まる下記の番組は原子力もまた「放射性廃棄物」という未解決の公害問題を抱えていることを初めて指摘した番組である。

➡あすへの記録『放射性廃棄物のゆくえ』

（1971年6月2日、GTV全国放送、30分、内容省略）

次は後に科学担当の解説委員となる小出五郎氏がディレクター時代に手がけた番組で、実用化に比べ安全性研究が大きく遅れている原子力の実態を伝えている。

⬇あすへの記録『原子炉安全テスト』

（１９７６年12月15日、ＧＴＶ全国放送、30分）

原子炉内の仕組みを簡易なアニメーションで解説したあとアメリカでの暴走実験を紹介、実験により「暴走の結果水蒸気爆発が起こるが、原子炉の水が抜けると暴走にブレーキがかかること」「原子炉が暴走しても燃料棒が壊れなければ爆発しない」ことが判明する。「安全性研究とは実験をやってみて初めて得られる知見の積み重ねである」というコメントが重い。日本の原研でも燃料棒の損傷実験の一部始終が撮影された。グローブボックス[*21]内で燃料棒をチェックする場面はさながら外科手術のような緊張感があり、２８００度を超えた燃料棒は根元から折れ、２６００度では燃料棒が割れ、ペレットが寄って被覆管が溶けている。その他、配管の安全性チェックや緊急炉心冷却装置の性能試験などを紹介する。（中略）

冷静に原子力の本質に迫ろうとする意志を感じる番組である。放射能という内在する危険をコントロールして人間や環境が傷つかないようにしながらエネルギーを獲得すること、それがいかに至難の業であるかを、そのために必要とされる膨大な安全性研究の課題を見せることで実感させようとしている。

次の番組は「原発の耐震設計はどのようになされるか」という課題を扱っている。今日最も注目される重要なテーマが30年も前に掘り下げられていた。

➡あすへの記録『耐震設計』

（1977年3月2日、GTV全国放送、30分）

番組は単刀直入に、今日地震による被害が日本で最も懸念される中部電力浜岡原発の耐震設計は1854年の安政東海地震（マグニチュード（以下M）8・4）についての古文書の記述をもとになされているが故に限界があることを指摘する。まず地震で原発がどのくらいの揺れに襲われるかという想定だが、古文書をもとに浜岡周辺の過去の大地震の震源は65㎞離れた遠州灘沖合いとし、「金井式」という計算法を用いて震源との距離および地震規模（M8・2）から最大加速度を求めると300ガルということになった。これは震度6と7の間で、道路に亀裂ができ木造家屋の30％が倒壊、電柱が倒れるレベルという。それで中部電力は心臓部の格納容器には450ガルに耐える強さを採用したという。これに疑問を呈するのが当時逸早く東海大地震を予測していた石橋克彦・東大理学部助手である。石橋氏は耐震設計で想定されていない「直下型の地震」が起こった場合、浜岡原発は想定をこえる強度の揺れに見舞われると警告する。「金井式」という地震の揺れの加速度の計算法を開発した金井清・日大生産工学部教授も「巨大な直下型の断層では震源を一箇所に決められず金井式は使えない」と警告する。（中略）

因みに地震に原子力を扱った最新の特集番組NHKスペシャル『想定外の揺れが原発を襲った――柏崎刈羽からの報告』（2007年9月1日、GTV全国放送、58分）によれば、中部電力は現在浜岡原発の耐震補強工事を実施しており現行の1・7倍の1000ガルの揺れに対応できるよう目指している。それに対して現在は神戸大学教授である石橋克彦氏は同番組内で「1000ガルを超える地震に襲われる可能性は十分ある」と中部電力の想定の甘さを指摘した。[*22] あすへの記録『耐震設計』は30年前の番組とはいえ、今日まで続く議論の重要な出発点となった。[*23]

＊「圧力」への盾となる専門性

科学的事実にこだわって取材し、仮説を立て細密な検証を重ねる科学番組の手法は、原発反対運動の興隆の中でメディアに対し、「科学的に正しい知識を報道するように」と度々要請してきた国や電力会社の攻勢に対しては有効な盾となった。しかしそれでも制作現場には陰に陽に圧力がかかっていたことを、小出五郎氏はNHK解説委員の職を退きフリーの科学ジャーナリストになってからの著書で次のように記している。

「……放送しても内外の評判がすこぶる悪い。たまに『よく放送した』との評価もあるが、それに倍する脅しめいた抗議が来る。多くはNHKの上層部を通じて降ってくる抗議だった。あるときエレベーターで先輩ディレクターのA氏と乗り合わせた。たまたま二人きりになったとき、『お前ら、いい加減にしろよ。えらい迷惑だ。原子力推進はマスコミの義務だ』と、説教というよりは脅かされた経験がある。(中略)しつこい無言電話に悩まされたのもこのころである」(『仮説の検証・科学ジャーナリストの仕事』講談社、2007年、169ページ)

赤木昭夫氏、小出五郎氏といった専門性の高い解説委員やディレクターを起用した科学技術番組の方法は1970年代を通じて進化し、1980年代には第Ⅶ節以降に記すように巨大事故を追う報道の中核を担うようになる。それは一手に情報を握る原子力事業者のコントロールを越えて、発表に頼らず独自取材により事故の核心に迫る科学ジャーナリズムの誕生を意味していた。

その流れは後述するように時代とともに変容するが、他方では取材者に「科学技術の知識と理解力」というハードルを設定することにもつながった。


（Ⅵ　原子力船「むつ」・失われた30年の記録、省略）

Ⅶ　1979年――巨大事故を総力取材する

＊ＮＨＫ特集"SOMETHING NEW"への挑戦――きっかけはスリーマイル

テレビと原子力が切り結ぶ次の新しい時代は1979年に始まる。きっかけは3月28日アメリカ・ペンシルバニア州ピッツバーグ近郊のスリーマイル島原発で起こった炉心溶融事故。

この事故が起こるとすぐにＮＨＫ報道局報道番組班はアメリカ総局、ニューヨーク支局の記者たちを動かし、事故の発生から4日間に何が起こっていたかを徹底取材し始めた。多くの記者を投入した取材で事故の起きた技術的側面、関係者がどのような対応をとったかの社会的側面の双方から真相に迫ろうとしたのである。キャスターには赤木昭夫解説委員、事故の再現にはアニメや劇画も取り入れるなど当時としては斬新な演出も試みた。

これは1976年、それまで「縦割り」組織のように担当部局別に制作していたドキュメンタリー番組を組織の壁を取り払うことで活性化し、挑戦してこなかった大きなテーマにも斬新な手法で切り込もうと始まったNHK特集ならではの挑戦でもあった。

⬇NHK特集『原子炉溶融の恐怖――再現・スリーマイル島の4日間』

（1979年6月4日、GTV全国放送、49分）

スリーマイル島（TMI）原発2号炉で起きた事故は、近隣住民5万人が避難するその当時史上最悪の原子力事故となった。冷却水ポンプの故障という小さな事象によって、一次冷却水の温度と圧力が急上昇し、加圧器の弁が自動的に開いた。制御棒が下りたあと、運転員は補助給水ポンプを作動させるが補助給水ポンプと蒸気発生器をつなぐバルブが閉じられていたため2次冷却水は流れなかった。緊急炉心停止装置ECCSが作動したが、あまり長く炉心へ水の供給を続けると圧力容器が壊れると判断した運転員はECCSを止めてしまう。そのため炉心は水位が下がって燃料棒が露出、被覆管のジルカロイと水が反応して水素ガスが発生した。現地では水素ガスが溜まって水素爆発が起こることが心配された。さらに炉心の温度が上がり燃料が破損して溶けて下部に溜まり、それが集まって核分裂が始まり、高温化して圧力容器、格納容器を突き破り地中に入っていくチャイナシンドロームも心配された。

再現場面ではペンシルバニア州の担当者たちが、パニックを起こさせずに住民をどう避難させるか話し合いする場面が生々しい。また多くのメディアのニュースに接しながら、それが朝令暮改で当てにならないことに住民が不安をつのらせた話が紹介される。（中略）

アメリカ原子力規制委員会NRCが報道機関にどのように情報公開するかを悩む一方で、ローレンスリバモア研究所、アイダホ国立工業研究所などに命じて水素ガス掃きだし計画を講じていたことなど危機管理の舞台裏も描かれている。

興味深いのは、番組でカーター大統領の原発視察が事態解決を印象づけるための「賭け」だったことが紹介されたところ。原発事故に際し政府は、メディアを通じて住民への心理作戦を展開することが示唆されている。

番組の最後に赤木解説委員は「この事故を振り返ると、原子炉の仕組みそのものが、まだブラックボックスであることが解る。予期しなかった水素の泡の発生がそれを示している。安全のための制御装置が何重に施されていても、原子炉自体に未知な部分があるのでは原子炉の安全は十分であるとはいえない。そのことを今度の事故は問いかけている」と語る。

＊日本でも起きた放射能漏れ事故

アメリカ・TMI原発事故から2年、日本でも放射能が原子力施設の外に漏れ出す事故が起こった。1981年敦賀原発2号炉で起こった放射能漏れ事故は、日本の原発の最初の大スキャンダルとなり、4回にわたる漏洩を隠してきた事業者の日本原子力発電と、安全チェックで問題を見逃した国の責任も問われた。

➡NHK特集『漏れた放射能——敦賀原発事故』（1981年4月27日、GTV全国放送、49分）

番組は生放送。勝部領樹キャスターが東京のスタジオで、福井局の記者が敦賀原発現地から、中川平太夫《へいだゆう》福井県知事が福井局のスタジオから発言する3元生中継にVTRが挿入される。事故後停止した原発内部の事故関連箇所を実写しながら事故概要をルポする。事の発端は県の調査で海藻の中から通常の10倍に当たるコバルト60、マンガン54が検出されたことだった。調査の結果、放射性廃棄物タンク室から16tの放射能を含んだ水が流出、3tが外部に出たことがわかった。1・5tは床のひび割れを通じて一般排水路を経由して海へと流れこんだ。

その他のケースも含め4件の漏出事故が、運転日誌には記されていながら発電所全体の日誌には書かれなかった。環境中に放射性物質を排出した場合の通報義務を怠り、事故を隠ぺいしようとしたのである。

原因は水を流すため弁を開けたが青のランプが点灯していたので弁が閉まっていると勘違いした運転員のバルブ操作ミスとされる。バルブを開け忘れたTMI原発事故と似ていると取材した記者が述べる。

最後は県知事が「今回は(事業者でも)国でもなく県が発見した。(事業者は)あくまで公開の原則にこだわってほしい」と苦言を述べる。

最近の東電によるシュラウド(原子炉隔壁)の傷を放置するなどの不正やトラブル隠しの発覚(2003年)、臨界事故隠しの発覚(2007年)を彷彿とさせる事態がすでに80年代に起こっていたのである。

＊原子力に正面から対峙する大型企画

ＴＭＩ原発事故と敦賀原発放射能漏れ。国外、国内で続けて起きたそれまでにない大事故を受けて、１９８１年の夏、ＮＨＫ特集は３回シリーズの大型取材番組とそれに寄せられた反響に答える形で長尺の討論番組を企画した。ＮＨＫスペシャル番組部、報道番組部、教養科学部、学校教育部、名古屋局、アメリカ総局、ヨーロッパ総局、アジア総局が集結、ＮＨＫという組織が総力で原子力に正対する初めての番組だった。

複雑な仕組みを積み重ねた巨大技術である原子力については、知られていない事実が多い。それを国内、国外の現場ロケ、模型、アニメなどを駆使してわかりやすく伝えるシリーズとなった。

⬇NHK特集『原子力　秘められた巨大技術(1)これが原子炉だ』
(1981年7月10日、GTV全国放送、79分)

第1回はカナダのウラン鉱から始まる核燃料のサイクルを丹念に追い、福島第1原発の停止中の原子炉近くまで入って撮影、原発の仕組みをビジュアルでわかりやすく伝え、さらに原爆開発から原子力平和利用へ向かった歴史的流れや、放射線の人体への影響まで総括的に原子力を捉えている。

取材は型破り。まず福島第1原発で建設中の2号炉を空撮している映像の中で、勝部領樹キャスターが地上数十mの高さの格納容器の上部に立ち、ヘリコプターに向かってリポートをする。さらに1号炉の原子炉近くにフルフェイスのマスクをする厳重装備で入り、放射線の強い原子炉蓋のとりつけ作業を撮影、その後記者がマスクをつけたまま現場で労働者にインタビューする。カナダのウラン鉱では１４００ｍの地下に入って掘削場面を撮影した。

アメリカの原爆開発プロジェクト・マンハッタン計画に加わり、戦後は原子力潜水艦用の加圧水型軽水炉を開発、それを原発に応用したアメリカの物理学者ワインバーグ氏がインタビューに答え、次のように語る。

「われわれ開発にたずさわったものは、悪魔に魂を売って力を得たファウストのようだと考えたことがあります。原子力システムのもつ厄介な問題を知りつつ、その莫大なエネルギーを手に入れようとした。厄介というのは、放射性廃棄物とか事故の問題です。何か起これば大変高い代償を要求されることになるということです」

番組はさらに作業員の被曝問題に注目する。昭和45年から54年までの10年で、原発で働く労働者は2400人から3万4000人に増え、一人一人が浴びた放射線量を人数分あわせた総被曝線量も56万1000ミリレムから1320万1000ミリレムに増えたことなどを伝える。

最後に国立遺伝学研究所の所長が「低線量被曝の人体への影響は解明されておらず、できるだけ少なくすることがのぞましい」と語る。

取材スタッフは体当たりで現場最前線に身を運び、時に度肝を抜く演出で視聴者を原子力の未知なる世界に擬似突入体験させている。

この頃小型ビデオカメラが現場に普及、社会のブラックボックスに潜入しリアルに伝えるＮＨＫ特集の魅力は開花していたが、この番組はその典型ともいえる。例えば本物のウランをスタジオで使うために国に申請書を出してスタジオ内に放射線管理区域を設けて実験するなど今日では考えられない演出がなされる。そしてワインバーグ氏のインタビューは番組に深みをもたらしている。

また、原発作業員の被曝問題に踏み込んだ意味は大きい。原爆と違い、原発では被曝者像が描かれることは極めて稀で、原発が動く限り毎日被曝する労働者がいることが意識される機会は少ないからである。

⬇『(2)安全はどこまで』

（1981年7月17日、GTV全国放送、49分）

シリーズ第2回は事故から2年をへて、数々の事故調査報告書も出されたアメリカ・スリーマイル島原発を訪ね、格納容器内への立ち入り調査や除染作業など、いまだに処理の途上にある様子を伝えている（中略）。それは制御室内のディスプレイの配置が悪いなど、情報伝達システムの欠陥が原因だった。また小さな故障で始まったトラブルが、判断ミスが重なることで原子炉の空《から》だきという深刻な事故に至ったこと、計算ミスから水素爆発を案じたNRCが騒ぎを大きくしたことも含め、備えが不足していたことがアメリカでは反省され、新設原発には避難訓練が義務付けられるなど規制が強化されたという。そしてキャスターは「原子力技術は素人にはわかりにくいからこそ、情報の公開が何よりも大切」と繰り返しコメントする。

この番組を貫く原発事故の原因究明にこだわる報道姿勢は、後のチェルノブイリ原発事故や東海村臨界事故の報道に引き継がれていく。

➡『(3)どう棄てる放射能』

(1981年7月24日、GTV全国放送、49分、内容省略)

3回シリーズを通じて「原子力は便利だが、放射能(廃棄物)を封じ込めることはできるのか?」という視聴者が最も知りたいところに焦点を置き番組を作っている。

➡NHK特集『いま原子力を考える』

(1981年8月3日、GTV全国放送、79分)

3回シリーズへの反響に答える形で企画された討論番組。推進側から森一久・日本原子力産業会議専務理事、反対側から久米三四郎・大阪大学理学部講師。

TMI事故後、1基の原発を完成しながらも凍結したオーストリア、ヨーロッパ部に大型原発を作る計画が目白押しのソ連、激しい反原発運動に世論が揺れる西ドイツ、ミッテラン新政権が新たな計画は見直すものの高速増殖実証炉スーパーフェニックスなどの工事は続けるフランス、原発発注が絶えたアメリカなどのリポートをへて討論の1ラウンド目に入る。

「十分注意すれば安全は保てる」とする森氏に対して久米氏は「危険性の見積もりが甘かった。『絶対大丈夫』といっていたのにTMI、敦賀と事故が起こるたびに言を左右してきた」と攻める。「安全をどうやって見極めるのか」という司会者の質問に森氏は「故障なしに運転を続ける実績を見てもらう。敦賀では被害はゼロだが隠したことで信頼を損ねた」と答える。

次に原子力が核兵器に転用される危険についてのVTRリポートを受けたスタジオ討論で、久米氏は「日本は濃縮ウランをアメリカから供給されている。それはマンハッタン計画の濃縮ウランを作った工場であり、結局アメリカの核の傘に日本の平和利用が入っている」と指摘する。

次のVTRではウラン価格が安くなっていることなどを紹介、スタジオは原子力の経済性をめぐる議論に。昭和45年にはエネルギー全体の0・4パーセントだった原子力は昭和54年には4・2パーセントに向上、コストは石油が1kW時あたり19円に対し、原子力は11円と最も安いことが紹介される。しかし久米氏は「計算の根拠が示されていない」と反論する。「保険も国が後立ての親方日の丸産業で、廃棄物処分だってやり方も決まらずにコストがはじけるわけがない」と指摘。森氏は「万が一のときも石油より備蓄が楽」とエネルギー安全保障上のメリットを強調した上で、「化石燃料の枯渇や炭酸ガスの排出問題から原子力が大切」と環境問題を持ち出す。これに対し久米氏は「原発を作り動かすために膨大な石油が必要」と切り返す。森氏は今後の課題について「説明をよくする。地域振興につながる発展計画」の2つをあげ、久米氏は「市民は石油が20年でなくなる、というような嘘ばかり言われて本当のエネルギー情報を知らされていない」と批判しつつ、最大の問題は「(危険があっても)自分のところでなければいい」という市民の意識構造であると指摘した。

討論では被曝問題や地震の耐震設計などは争点にならなかったが、現在まで続く論点がほぼ出揃っている。

(Ⅷ　１９８０年代　通常番組の中の原子力、省略)

Ⅸ　見つめられた核惨事・チェルノブイリ原発事故──１９８６年４月26日～

１９８６年４月26日未明、ソ連・ウクライナ共和国のチェルノブイリ原発４号炉で原子炉が暴走して爆発、原子炉建屋も破壊されて大量の放射能が放出される事故が起こった。強い放射線で被曝した原発運転員や消防隊員など31人が直後に死亡、放出された放射能はヨーロッパはじめ世界にもたらされたが、とりわけウクライナや隣のベラルーシの汚染された土地からこれまでに35万人が避難民となり、汚染地帯に住み続ける人々６８０万、事故後の処理作業に参加した60万人を加えると総数８００万人が被曝、将来少なくとも９０００人もの人々が、がんで死ぬといわれている。[*24]

ＮＨＫはこの史上最悪の原子力事故の発生直後から、事故後21年がたついまに至るまで、多くの報道を続けてきた。ＮＨＫアーカイブスの検索によれば７４７件のコンテンツが保存されており、そのうち１５４件が番組である。この章ではこの21年間、チェルノブイリを題材として制作された主な番組を３つのグループに大別して検証する。

(1)調査系番組＝科学的手法を中心に事故の概要、原因、放射能汚染、人体への影響などを調査する番組群。主にＮＨＫ特集、ＮＨＫスペシャル、クローズアップ現代など。

(2)原子力問題を考える番組＝主にNHKスペシャルなど。
(3)人間ドキュメント系番組＝人間の生き方を通じて事故のもたらした傷や奪ったものを見つめる番組。主に衛星放送や教育テレビの特集など。

1．事故を継続して調査する

チェルノブイリ原発事故後、最も早く立ち上がったのは1979年のTMI原発事故や81年の敦賀原発放射能漏れ事故、その後の「原子力」3回シリーズを担当したNHK特集である。

そこには1970年代に『あすへの記録』などで培われた科学技術番組の手法と専門性、海外支局を動員した取材力が生かされている。

そして、その流れは事故から今日まで、制作者が若返り、担当者の部署が代わっても受け継がれていく。

表2　チェルノブイリ原発事故を報じた主な調査系番組

放送年月	番組名・タイトル	時間	制作局
1986年5月	NHK特集　ソビエト原発事故	45分	東京
8月	NHK特集　よみがえる被爆データ～ヒロシマとチェルノブイリ	45分	広島
9月	NHK特集　調査報告・チェルノブイリ原発事故		
	(1)　原因は本当に操作ミスだけだったのか？	45分	東京
	(2)　ここまでわかった放射能汚染地図	50分	東京
1987年11月	NHK特集　放射能食糧汚染～チェルノブイリ・2年目の秋	45分	東京
1990年8月	NHKスペシャル　汚染地帯に何が起きているか～チェルノブイリ事故から4年	74分(50分)	広島
1991年8月	NHKスペシャル　チェルノブイリ小児病棟・5年目の報告	59分	広島
1992年11月	NHKスペシャル　旧ソ連・原発危機は防げるか	54分	東京
1994年1月	NHKスペシャル　チェルノブイリ・隠された事故報告	59分	東京
2月	クローズアップ現代　そして60万人が被曝した～チェルノブイリ事故処理作業者	29分	東京
1995年8月	NHKスペシャル　調査報告・地球核汚染～ヒロシマからの警告	89分	広島
1996年4月	NHKスペシャル　終わりなき人体汚染～チェルノブイリ事故から10年	49分	東京
2001年1月	クローズアップ現代　チェルノブイリ・残された“負の遺産”	25分	東京
2006年4月	NHKスペシャル　汚された大地で～チェルノブイリ20年後の真実	49分	東京
	クローズアップ現代　終わらない放射能汚染～チェルノブイリ20年	26分	東京

➡NHK特集『ソビエト原発事故』
（1986年5月2日、GTV全国放送、45分）

事故発生から1週間、ソ連政府がほとんど情報公開をしない中で周辺各国に飛んだ特派員たちが集めた情報やデータをもとに事故後の状況、原子炉で起こったこと、原因、事故のメカニズムと規模、周辺各国への放射能の拡散、その強さ、今後の人体への影響などを推論するスタジオ番組。現地取材の許可が出ず衛星回線も故障したモスクワの小林和男特派員が「今朝発行の13種類の新聞はすべてキエフのメーデーのパレードが無事行われたことを大きく扱い、ほんの小さな記事で18人が重態という前日の政府発表を伝えている。それでも市民は異変に気づき、口コミで牛乳を飲まないようにと呼びかけが広がっている」と電話で話す。

ソ連型原発の特徴も含め広範な知識をもち、放出された放射性物質の種類から事故内容を解読することもできる赤木昭夫解説委員。その専門性と勝部キャスターの市民の目線で語るわかりやすさとがうまくみ合い、わずか1週間後に出された番組とは思えない高度な内容となっている。

ただし最後になってキャスターが発した「日本では今回のような事故が起こりにくいといわれる」とか「日本で降る雨からはいまのところ(事故で放出された)放射能は検出されていない」というコメントについては議論の余地がある。なぜなら放送の2日前の4月29日には日本でも科学技術庁長官を本部長とする放射能対策本部が作られ、国民に対し「雨水の濾過後の飲用」「生野菜の消費規制」などの注意、勧告が行われていたからである。*25 市民の健康を第一に考えれば本来は注意が必要な時期であったと指摘されている。

➡NHK特集『調査報告　チェルノブイリ原発事故(1)原因は本当に操作ミスだけだったのか?』

（1986年9月26日、GTV全国放送、45分）

事故から5カ月後に放送されたこの番組は、8月にウィーンの国際原子力機関IAEAで開かれた国際専門家会議に提出されたソ連政府事故調査報告書をベースに、チェルノブイリ原発事故の原因を検証している。まだチェルノブイリ現地への取材はソ連の許可が出ず、ソ連政府の公開した事故後の映像や黒鉛型チャンネル炉の映像を用いている。この型の原子炉がもっている低出力域で不安定となり暴走しやすくなる特性(ボイド効果)についてイギリスの報告書をもとに分析、アメリカに亡命した運転員の証言から、74年頃、同型の原子炉で暴走事故が起こり燃料チャンネルが破壊され放射能が漏出したが秘密にされたことも判明する。さらに発表された関係者の処分やアメリカのクレムリンウォッチャーの証言から、核兵器開発を行う秘密の組織・中規模機械製作省が関係したことが判明するが、それ以上の背景には行き着かない。番組は事故原因についてはソ連政府の「運転員による6つもの規則違反」にあるのではなく、黒鉛型チャンネル炉の構造にあることを印象付けている。

➡『(2)ここまでわかった放射能汚染地図』

（1986年9月29日、GTV全国放送、50分）

この番組は、取材班が自ら放射線測定器をもってチェルノブイリ事故によってできたヨーロッパの放射能汚染地帯を歩き、その汚染の実態を把握することを目指した。
その結果、破壊された原発から放出された放射能が雲にのり、上空2000mを最初北西に向かう風にのって1600㎞も離れたスウェーデン中部まで達していたこと、その雲が雨を降らせて放射能を地上に落下させ、局部的な汚染地帯・ホットスポットを作りだしたことなどが明らかになる。アルプスに近い北イタリアの湖畔の町コモ、ドイツのミュンヘン周辺などにもホットスポットが見つかり、それらがみな放射能雲が上空にあったときに雨が降ったところだった。原発からはるか遠隔地であっても、自然条件によって濃厚な汚染地帯に変わるという事態こそが、チェルノブイリ事故の最も大きな特徴だった。そしてアメリカ・プリンストン大学のフォン・ヒッペル博士は「この事故で約2億人が被ばくし、数千人から数万人ががんで死ぬ恐れがある」と予測する。最後に取材班がヨーロッパ各地から持ち帰った土のサンプルの測定から、汚染レベルが確認され、取材班オリジナルのヨーロッパ放射能汚染地図が出来上がる。1平方メートルあたり1キュリー以上の汚染地帯が14カ国に及んでいることが確認された。

この番組は取材者自らが放射線測定器をもって見えない放射能の痕跡を追うという、それまでの原子力報道にはない全く新しい取材スタイルを開発した。それによって国や電力会社など原子力を管理する側から出される情報を頼りに作られることの多かった原発番組に、独自調査の新たな可能性をもたらした。そして途中被曝した消防士の背中のベータ線による火傷が映った写真が挿入される。平和利用の原子力の事故による被曝だが、その姿は広島・長崎の原爆被爆者と変わらないことがテレビに映されたのである。「放射能汚染に国境はなかった」というラストコメントはシンプルだが番組により実証された説得力があった。

➡NHK特集『放射能食糧汚染　チェルノブイリ・2年目の秋』
（1987年11月16日、GTV全国放送、45分）

スウェーデン北部でトナカイを追って暮らす遊牧民のラーソン一家。チェルノブイリ事故後ホットスポットになった彼らの大地では、キイチゴやキノコなど森の恵みは放射能に汚染され、川や湖の魚もトナカイ肉も子どもには食べさせない。家族の食卓はトナカイ肉から離れられない大人と外国からの輸入食品を食べる子どもで異なるメニューとなった。そして環境放射線の少ない湖の上で、日本から持参した放射線測定器で体内から発せられる放射線を測定すると、9歳のサラちゃんで日本人の100倍、お父さんのレイフさんの場合500倍となり測定器の針が振り切れ、警報音が鳴るほどの放射線が検出された。ドイツでは放射線測定器を備えた肉屋が大繁盛。また汚染された粉ミルクを載せた列車が輸出のため港に近づくと市民がピケを張り取り囲む。そこで粉ミルクを古い原発構内で除染することが計画されるが、これも地元の反対で難航する。またそれまで許可が出なかったチェルノブイリ現地への取材をモスクワ支局が行い、避難民、棄てられた町、市場の放射能測定などの様子を生々しく伝えている。

前年と同じく放射線測定器による現場調査の手法を用いながら、事故から2年目でピークを迎えたヨーロッパの放射能による食糧汚染の実態とその中で生きる人々の苦悩を描いたこの番組は、スウェーデンの遊牧民族サミの家族を中心とするなど前年のシリーズより人間に近いところでロケをしている分、迫り来る放射能の怖さを皮膚感覚で伝えている。食糧に入り込んだ放射能により混乱に陥ったドイツの取材も含め、原発事故が社会にもたらした強い衝撃を描いている。

⬇NHKスペシャル『汚染地帯に何が起きているか――チェルノブイリ事故から4年』

（1990年8月5日、GTV全国放送、74分、50分）

冒頭、日本のテレビ局として初めてチェルノブイリ原発4号炉に入る。その後番組は、原発から2.5キロにある町プリピャチから避難した住民が住むキエフ郊外の団地の集会を見つめる。事故発生後2日間、何も知らされず放置されていたプリピャチからの避難民にはこの頃被曝による後遺症が出始めたが「政府からは薬の支援すら行われていない」と訴える。生徒の80パーセントがプリピャチからの避難民の学校では休みの生徒が多い。皆疲れやすくなっているという。染色体異常が発見された13歳の長女と友人は、将来子どもが産めないと不安を口にして涙ぐむ。番組はその後白ロシア（現在のベラルーシ）の町や村の汚染実態、住民の体内被曝の調査を行う。放射線測定の専門家・岡野真治博士が同行して軍用ヘリに乗ったり、学校に多くの住民を集めて測定器を体に当てる。ソ連政府は前年の3月、事故から3年後になって、原発から100キロも離れた白ロシア共和国内に高濃度汚染地帯が1万平方キロ（東京、千葉、神奈川3県をあわせた広さ）ほどあることを発表した。人々はそれまで何も知らされず、汚染された土地で汚染された食べ物を摂取してきた。実際、そこでとれる牛乳は当時の日本の基準値の2倍以上の1リットルあたり800ベクレルのセシウム137を含む。神経系の障害、胃腸、肝臓の病気に加え、甲状腺の障害が増えた。特に子どもの甲状腺がんがすでに21人に発見された。「寝ていても体が痛い」と訴える女の子の母親は取材スタッフに「この子を日本に連れて行ってください」と泣きながら頼む。ゴメリ州立病院では汚染地帯に住む妊婦が超音波で胎児のスクリーニングを受けながら出産を待つ。予定から遅れて出産した女性の笑顔と赤ちゃんの泣き声。番組は次第に命の重さへと軸足を移していく。

ラストシーンは民族衣装に身を包んだ老女たちによる夏祭り。秋には強制移住となるため、この村で最後の祭りだ。麦の豊作を祈り赤ん坊の人形を大地に埋める。空に響く妙なる合唱。「知っているだろう、この村がどれほど美しいか」。秋になり麦が稔っても、もうこの村にはそれを刈り取る人はいない。

原発現地と新たに公表された場所も含めた汚染地帯に入り、本腰を入れて取材を行ったこの番組では、放射能汚染や人体への影響の科学的調査のみならず、病を背負った子どもと母親の苦悩、長年住み慣れた村を棄てなければならない老人の悲しみ、家族が別れなければならない辛さなど、人々に苦しみを強いる原発事故の深い罪業が描かれている。

一方、事故原因についてさらに深い究明を行った番組もある。1991年のソ連邦崩壊の直後、それまで接触すらできなかった共産党政治局などの機密文書が公開された。この番組は入手した機密文書や政治家、官僚、科学者たちの証言をもとにチェルノブイリ原発事故の主な原因は、実は制御棒の構造的欠陥にあったこと、しかもそれをソ連政府が知りながら、世界に偽りの報告をしていた事実を浮き彫りにした。

⬇NHKスペシャル『チェルノブイリ・隠された事故報告』

（1994年1月16日、GTV全国放送、59分）

事故8周年にモスクワ郊外の墓地で、死亡したチェルノブイリ原発運転員の父親は「『お前のバカ息子が原子炉を爆発させた』といまでも言われる」と取材チームに訴えた。事故のあった1986年の夏、ソ連政府は「事故は運転員の規則違反で起こった」と世界に公表、翌年開かれた裁判でも運転サイドの人間ばかりが有罪判決を受けるなど、チェルノブイリ原発の運転員たちは汚名を着せられた。ところがこの番組の取材で、真の事故原因についてソ連政府首脳はすでに事故直後に知っていたことが判明した。これまで非公開だった最初の事故原因調査報告書には、「制御棒を一斉に挿入すると先端につけてある黒鉛の働きで一気に核分裂反応が進む構造が原因」と書かれていた。この報告書をもとに1986年7月に行われたソ連共産党中央委員会政治局会議では、運転を管轄する電力電化省は「原子炉の欠陥を知らされていなかった」と主張、「知っていれば一度に制御棒を挿入することはなかった」と運転員を弁護した。一方、原子炉を設計した中規模機械製作省は「規則通り運転すれば問題なかった」とはねつけ、責任の押し付け合いとなった。番組では中規模機械製作省はソ連の核兵器開発を一手に掌握してきた軍事産業複合体の元締めであり、原子炉に関わる情報は元々軍事機密のように扱われる体質であったことが説明される。運転する原子炉の欠陥を運転員も知らされない「情報の閉鎖性」、軍事官僚国家・ソ連特有の社会構造こそが事故の真の原因であることは7月の政治局会議で顕わになった。だが「世界にできるだけ真実を話そう」と語ったゴルバチョフの提案は「発表する内容は慎重に決めるべきだ」とルイシコフ首相に一喝される。その結果、IAEA主催の国際専門家会議では「事故原因は運転員の規則違反」と説明することになる。番組でルイシコフはその理由を次のように語っている。「もしあのとき、チェルノブイリ型原子炉が危険であることを発表してしまったら、ソ連国内のすべての原子炉が停止へと追い込まれたでしょう。そうなったら国を支える電力供給はどうなりますか」。

アメリカは真の事故原因に気づいていたが沈黙を守り、米ソ二国間外交の取引材料にした。ＩＡＥＡもまた西側の原発反対運動の激化を怖れ、ソ連の虚偽報告に目をつぶった。

この番組は原発事故に関する重要な情報は時に政治的思惑から隠され、一般市民には偽の情報が流布されることを実例によって証明している。

表2（167ページ）に示したようにその後もＮＨＫはチェルノブイリ事故がもたらした影響を継続して見つめ続ける。とりわけ事故から10年目に放送された次の番組は人体汚染と病気の関係の最前線リポートであった。

➡ＮＨＫスペシャル『終わりなき人体汚染――チェルノブイリ事故から10年』（1996年4月26日、ＧＴＶ全国放送、49分）

「事故の影響は何も認められない」とした1991年のＩＡＥＡの報告に反してベラルーシやウクライナでは小児甲状腺がんが急増、母体の異常による死産・早産の増加、胎児や新生児の先天性異常、妊婦の染色体異常などが発見され、地元の医師たちの手で研究が続けられている。60万人ともいわれる事故処理作業員の脳に放射能が溜まることで記憶障害や食欲、性欲不振が起こり、それを苦にした自殺も増えているという。番組は広島・長崎とは違う形で被曝をしているチェルノブイリでは、これまでの定説を覆す放射線の影響が発見される可能性があることを示唆している。

この番組は事故後４年目に作られたＮＨＫスペシャル『汚染地帯に何が起きているか』や５年目のＮＨＫスペシャル『チェルノブイリ小児病棟』の続編ともいえる番組だが、さらにその続編が事故から20年後に放送された被害実態のリポートである。

⬇ＮＨＫスペシャル『汚された大地で──チェルノブイリ20年後の真実』
（２００６年４月16日、ＧＴＶ全国放送、49分）

「ウクライナ政府が１９９２年から２０００年まで行った事故処理作業員20万人の追跡調査ではがん死亡率は上昇し、一般人の３倍になっていた。また大人の甲状腺がんと白血病が増加している」。現場の医療者や研究者がつかんだこれらの事実は２００５年９月にＩＡＥＡが中心になったチェルノブイリ・フォーラムが出した報告書により、被曝との因果関係をことごとく否定された。一方、ベラルーシのルカシェンコ大統領は「汚染地帯の復興」と称して汚染された土地への入植と農業の再興を訴えはじめた。汚染地域への長年の支援、医療補償に国家財政が悲鳴をあげ、政策の転換を図ったのである。番組はこれらの政治的動きへのカウンターリポート。病に苦しむ人々や継続調査の必要性を訴える日本人医師の活動も紹介し、最後に「事故から20年。医師たちは真実の発掘を続ける。５００万の被曝者に何が起こるのか、これからである」と警告している。

原爆による被爆と60年以上向かい合ってきた広島局の参加もあり、NHKはチェルノブイリ原発事故がなぜ起きたのか、どんな影響を人々にもたらしてきたかを21年にわたり粘り強く調査し、視聴者に伝えてきた。制作した番組が2度にわたり国際コンクールで受賞するなど国際的にも高い評価を受けた。[*26] 単数ではなく複数に膨らんだ取材者、制作者たちの思いがリレーのように連なり、仕事が継続されたのである。

2．あらためて原子力問題を考える

チェルノブイリ原発事故が国内、国外の世論に与えた巨大な影響に鑑み、事故から3年目の1989年4月に、NHKスペシャル『シリーズ21世紀　いま原子力を問う　3回シリーズ』、付随して『徹底討論・いま原子力を問う』が放送された。このシリーズはいま見るとその8年前のアメリカTMI原発事故後に放送されたNHK特集『原子力・秘められた巨大技術』のシリーズと構造的には瓜二つであるため、かいつまんで紹介する。

前提となる国内世論は、TMI原発事故後とは比較にならないほど原子力への不安、批判が強く、かつ広範であった。1987年に行われた総理府による「原子力に関する世論調査」では、原子力発電について「何らかの不安・心配に思うことがある」と答えた人は全体の85・9％に上った。[*27] 輸入食品を通じて放射能が食卓へあがり、市民集会には家庭の主婦など2万人が集まる。[*28] 各地の原発建設予定地では反対運動が強まり、電力会社は苦戦していた。海外では放射能汚染地帯ができたヨーロッパで原発見直しの機運が高まっていた。

➡『(1)危険は克服できるか　巨大技術のゆくえ』

（1989年4月5日、GTV全国放送、50分）

青森県六ヶ所村の再処理工場の着工を前に、先進地イギリスのセラフィールドを訪ね、周辺の白血病多発を伝え、フランスのラアーグでは六ヶ所村と同じモデルの再処理施設の溶解槽に穴があいて故障した事実をスクープ。核燃料サイクル計画の技術的経済的困難を伝えた。

➡『(2)原子力は安いエネルギーか』

（1989年4月6日、GTV全国放送、50分）

TMI事故後、原発のコストが増大したアメリカでは、原発建設の中止や閉鎖が相次いだ。「原子力は安い」といわれる日本のエネルギー原価試算を、推定値で無く有価証券報告書を元に計算し直すと、1キロワット時あたり火力発電より1円高い結果となった。建設コストを電力料金に上乗せする日本独特の仕組みにも言及している。

純正の資本主義の国アメリカでは、事業者の責任が徹底して問われ電力料金も厳しい市場競争の中で決まるが、日本では電力会社の利益が優先され負担は電力料金を通じて市民の側に回されていることを番組は浮かび上がらせた。そして「原発は安い」という神話を実証によって突き崩した。

➡『(3)推進か、撤退か・ヨーロッパの模索』

(1989年4月7日、GTV全国放送、50分)

チェルノブイリ事故で深刻な放射能汚染に見舞われたヨーロッパで、各国がエネルギー政策の模索をしている。脱原発に舵を切るスウェーデン、研究機関が「脱原発シミュレーション」を公表し、活発な議論を行うドイツ、原発大国フランスの動きを報告。

民放ではテレビ朝日の討論番組『朝まで生テレビ!』がこの9カ月前に原発を取り上げ話題となったが、NHKではこのシリーズの後、原発についての初の本格的な討論番組が企画された。

➡『徹底討論・いま原子力を問う　第1部　安全は確保できるか』

(1989年4月15日GTV全国放送　100分)

推進サイドの論客は板倉哲郎(日本原電)、住谷寛(日本原燃)、生田豊朗(日本エネルギー経済研究所)の各氏、反対側は久米三四郎(核化学者)、高木仁三郎(原子力資料情報室)、藤田祐幸(慶應大学)の各氏、視聴者に近い立場からの質問者として中村桂子(三菱化成生命科学研究所)、犬養智子(評論家)の各氏。司会は橋本大二郎。スタジオではまた、300人のテレビ世論調査員が無作為抽出した750人対象に電話で1部、2部通じて4つの質問を発し、答えを集計して生番組中でグラフ化して発表した(本稿では結果は割愛、中略)。

原子力問題を考える番組はこの後しばらく影を潜めるが、９年後の１９９８年８月に２夜連続で放送された『インターネット・ドキュメンタリー　地球法廷・原子力の未来』（１９９８年８月８、９日ＢＳ１全国放送　各回１３０分）は、インターネットの普及を背景に、ネット上に討論の場となるホームページを立ち上げ、世界中の多様な立場の投稿者による討論を仕掛ける新企画。スタッフがその第１回のテーマに選んだのが「原子力」で、中でもチェルノブイリ原発事故は番組討論を立ち上げる重要なモチーフとしてホームページ上で厚く紹介された。番組内容は割愛するが、討論参加者の中に、「ソ連の原子炉の事故をいつまで引きずるんだ」と抗議する日本人専門家がいたが、ドイツ人の専門家が「チェルノブイリの教訓は生かされていない」と反論し、アメリカの専門家は「アメリカでも大事故の可能性がある」と声を届けた。地球レベルの討論によってチェルノブイリはいまだに世界の大きな課題であることが再認識された。

（中略）

３．人間ドキュメントと事故後の世界（タイトルのみ紹介）

⬇世界わが心の旅『チェルノブイリ・家族の肖像――旅人、写真家・大石芳野』（１９９４年５月15日、ＢＳ２全国放送、45分）

➡ETV特集『チェルノブイリ事故　12年目の報告(2)核の町の住民たち』
（1998年4月28日、ETV全国放送、44分）

➡プロジェクトX『挑戦者たち　チェルノブイリの傷・奇跡のメス』
（2003年5月13日、GTV全国放送、42分30秒）
ほか

X　1990年代――プルトニウム利用計画の迷走

チェルノブイリ原発事故のもたらした衝撃が世界を震撼させた頃、日本では核燃料サイクル計画、言い換えると原発から出る使用済み核燃料を再処理して得られるプルトニウムを高速増殖炉などで使う計画が進められていた。1984年青森県が受け入れを表明した六ヶ所村の核燃料サイクル基地（ウラン濃縮工場、再処理工場、低レベル廃棄物処分場）建設をめぐっては県内で反対運動が強まり、1989年の参議院選挙では農協が推す候補が核燃基地建設白紙撤回を掲げて自民党候補を破り当選。六ヶ所村村長選挙でも核燃凍結を掲げる候補が当選するなど地元は揺れた。

一方、1990年代になると事故やトラブルが多発する。まず92年にフランスから返還されるプルトニウムの輸送が世界に批判され、95年に高速増殖炉「もんじゅ」が初送電からわずか4カ月後にナトリウム漏洩事故を起こし停止する。そして97年には動燃・東海再処理工場・アスファルト固化施設で火災・爆発事故が起こり、99年には高速実験炉「常陽」の燃料を加工していた東海村のＪＣＯで臨界事故が発生する。核燃料サイクルの要所で次々と重大な事故が起こるのである。

核燃料サイクル、プルトニウム利用をめぐって迷走する日本をテレビはどのように伝えたか。まずは核燃料サイクル基地建設問題をめぐる地元放送局の対応から検証する。

1．地元放送局の奮闘

＊「核まいね」青森放送の疾走

青森における核燃料サイクル基地建設問題で最も先鋭に報道を続けたのは、青森放送（ＲＡＢ）である。青森放送は１９５３年にラジオ開局（テレビは１９５９年）した県内で最も古い民放で、もともと芸能・教養番組に強く文化庁芸術祭で何度も受賞する実力をもち、かつローカル番組の視聴率でも今日まで他の3局（ＮＨＫ、青森テレビ、青森朝日放送）を寄せ付けない人気を誇っている。

１９８６年4月、青森放送はそれまでにない報道番組を独自で制作しようと『ＲＡＢレーダースペシャル』という30分番組を毎週土曜夜6時半にスタートさせた。これは１９７０年に始まった月曜から金曜までのローカルニュース『ＲＡＢレーダー』の特集という位置づけで、スポンサーのない独自枠だった。第1回『混迷六ヶ所村——二人組合長の言い分』でスタートした番組はその後チェルノブイリ原発事故の追い風を受け、88年になると食品の放射能測定をする弘前の主婦グループを追った『核燃はいま——揺れる原子力半島』が注目され、系列の日本テレビのＮＮＮドキュメントの枠で全国放送されることになる。このとき全国版のタイトルにつけられた『核まいね』とは津軽弁で「核は駄目だ」という意味。テレビ番組としては過激なタイトルだったが、以後ＲＡＢレーダースペシャルが終了する1993年までの7年間で14本の核燃基地関連番組が作られ、そこから7本が『核まいね』シリーズとしてNNNドキュメント枠で全国放送された。7本の『核まいね』の内容は以下の通り。

➡『核まいねⅠ　揺れる原子力半島』

（1988年6月23日、NNN系列放送、25分）

弘前市の若い母親たちがチェルノブイリ事故以来、市販の食品検査を弘前大学の若い研究者たちと始めて牛乳など意外に多い放射能汚染に驚き、「子どもたちの未来のために」と、核燃反対運動に立ち上がる様子を描いた。

➡『核まいねⅡ　動きだした核燃サイクル』

（1988年12月11日、NNN系列放送、25分）

この年の10月14日、核燃料サイクル3点セットの第1段、ウラン濃縮工場の建設が着工された。母親たちに続いて県の人口150万人の3分の1を占める農家の核燃反対の動きも強くなってきた。「万が一事故が起これば農産物は被害を受ける。事故がなくても風評被害で売れなくなる」。反対は口にしないものの、言動に強い決意をのぞかせる農協中央会会長・蝦名年男氏の日常を追いながら、農業と核を考えた。

➡『核まいねIII　農協青年部と核燃サイクル』

（1989年4月23日、NNN系列放送、25分）

1988年12月29日、青森県農協中央会は、ついに「核燃料サイクル基地建設反対」を決議した。決して声高でない農業者の重い選択は、農業の若い担い手である農協青年部の力によるところが大きかった。リーダー久保晴一氏と仲間の反核行動と思いを見つめた。

➡『核まいねIV　六ヶ所村・来る日去る日』

（1989年11月19日、NNN系列放送、50分）

六ヶ所村とカナダのウラン鉱山周辺を対比しながら、核をめぐる国策に翻弄され土地や漁業権を売った人々と、先祖伝来の農業・漁業を営む人々の双方の生き方を見つめる。また参議院選に「核燃白紙撤回」を掲げて立候補した三上隆雄氏の選挙運動とその勝利の衝撃を描いている。

➡『核まいねV　六ヶ所村の選択』

（1990年2月4日、NNN系列放送、25分）

六ヶ所村は戦後満州から引き上げた農民によって開墾されたが、20年前「むつ小川原開発」で農民は土地を売り、一時は豪華な家を手に入れた。だがオイルショックで開発は流れ、変わらぬ過疎の中で出稼ぎに出るしかなくなった。いままた核燃基地建設に揺れる六ヶ所村の20年を問うた。

➡『核まいねⅥ　いま核燃凍結の村で』

（1990年7月8日、NNN系列放送、25分）

1989年12月、六ヶ所村で村長選挙が行われ、核燃凍結をとなえた六ヶ所村酪農協会長・土田浩氏が反対派の応援も得て推進派の現職を破り初当選した。だが国・県・事業者との交渉は厳しく、村民の期待に応えることができるのか予断を許さない。新村長の苦悩と見守る村民の表情を伝えた。

➡『核まいねⅦ　勝子さんと二つの選挙』

（1991年3月3日、NNN系列放送、25分）

1991年2月、青森県では青森県知事選挙と参議院議員補欠選挙の二つの選挙が行われた。六ヶ所村ウラン濃縮工場の翌年の本格操業を控え、二つの選挙では核燃推進、核燃撤回が真っ向から争われた。番組では、青森県上北郡上北町のタバコ農家、竹内徹さん、勝子さん夫妻の日常を追った。反核燃運動が農家の主婦層に拡がる状況のなかで、勝子さんの義理の両親は核燃計画を進める自民党を長年支持してきた。進む核燃計画と、二つの選挙に選択を迫られた農家の主婦・勝子さんを見つめた。

＊以上、民放連に提出された青森放送作成の資料などから作成。

こうした番組制作に加えて日常のニュース報道、さらには2度にわたり「核燃」をテーマにしたテレビ討論会を開いた活動が評価され、青森放送は1990年度の日本民間放送連盟賞コンクールの放送活動部門最優秀賞を受賞した。しかし、後に青森県知事となり核燃誘致を進めた竹内俊吉氏が初代社長をつとめ、東北電力や核燃サイクルの主体・日本原燃がスポンサーである原子力広報番組[*29]を複数抱える青森放送から、こうした反対姿勢の強い放送番組を出すことには強い抵抗もあった。

＊突然の放送中止命令

「あのときは困っちゃったね。もう番組出来上がって放送するばかりだったのに後ろからストップがかかったんだから」

当時『ＲＡＢレーダースペシャル』と『核まいね』シリーズの担当ディレクターだった木村昱介《いくすけ》氏（元青森放送報道局次長）を訪ねると、『核まいねⅠ』放送前夜に起こった「ある事件」が口をついて出た。正確を期すため木村氏が青森のタウン誌[*30]に書いた記述を引用する。

「『核まいね』も完成し、オンエアーを待つばかりになっていたところ、自分たちの会社である青森放送から突然、この番組の放送中止が言い渡された。理由は番組の中のコメントに『核の安全性は未だ確立されていない』とあるが、このコメントをカットしない限りは放送はさせないというのである。（中略）誰が中止と言ったのか……スポンサーがトップに申し入れたのか？　トップがスポンサー側の気持ちを配慮して独自に決めたのか？　または我々セクション・ヘッドがトップへの気配りのため決めたのか？」

調べた結果、スポンサーやクライアントなどからの圧力はなく、報道局の上司が中止と言っているに過ぎないことがわかり「事件」は解決、コメント変更なしで放送したという。通常民放では、広報番組を扱う部署は原発の事故を扱う報道部門とは分かれているが、青森放送では長年、原子力広報番組は報道局で作られていた。「原子力は安全」とPRする番組を作る同じ部署で「安全性は未だ確立されていない」とコメントする番組を制作、放送するミスマッチ。木村氏はこの「事件」にはそんな背景があったという。「自主規制」によって危うく放棄されそうになった「報道の自由」だが、その後は現場の努力と視聴者の支持によって守られた。裏番組にお化け番組といわれる『サザエさん』がありながらも『RABレーダースペシャル』は7年間平均で16・5%という高視聴率を稼ぐ人気番組となった。これは県域放送局が定時の報道特集番組を制作することと合わせてテレビ界の快挙と言われ、全国から視察団が訪れた。

しかし1993年3月、青森放送は突然番組の打ち切りを宣言した。理由は、日本テレビ発の料理番組を受ける枠にするためと説明されたが、木村氏は納得できず退社の道を選んだ。

「正直言うと前の社長から何か賞を獲れと言われて始めた番組で、すでに目的は果たしていましたが……、社長が変わると方針も変わる。でも何か納得できなかった。もっとも県内の核燃反対の機運も県知事選挙で反対派が負けてからトーンダウンし始めてはいましたが……」

郷土芸能など文化ネタで何度も芸術祭賞を受賞している木村氏は元々政治への関心は薄く、原子力も好んで求めたテーマではなかったという。だが週1回30分のラジオ番組も含め、たった4人のスタッフで毎週、報道特集番組を作るという荒技に挑んだ日々を懐かしそうに語った。

＊「地方の時代」映像祭に見る「原子力」番組

青森放送に限らず、チェルノブイリ事故の起こった1986年以降、地方の民放はそれまでより積極的に原子力の問題に取り組むようになった。とりわけニュース中心だった報道に、ドキュメンタリーなど特集番組を構えてじっくりと取材、編集する姿勢が顕著になった。その証が、1981年に始まった「地方の時代」映像祭で受賞した作品の一覧(表3)に見ることができる。これまで26回開かれた映像祭に「原子力」をテーマとした番組が16作品参加、大賞を4回、優秀賞などを7回受賞している。

高レベル廃棄物処分の研究施設の立地が検討され町が揺れた北海道の幌延町《ほろのべちょう》、原発の立地可能性調査をめぐって町が二分された石川県珠洲市、住民投票を実施して原発建設を阻止した新潟県巻町……、原子力とのっぴきならない関係となった町や村の物語は、一方で電力会社が株主やスポンサーなど深い関係にある地方の放送局にとっても、地域住民の大関心事として避けて通れないテーマになったのである。

＊NHK東北ブロックの健闘

核燃料サイクル基地建設の問題は、NHKも地域拠点局の仙台局と地元の青森局がこの30年の間に326件のコンテンツを制作、うち20件が番組で、そのうち19件が東北6県を放送域とする東北ブロックでの放送であった。(以下、省略)

表3 「原子力」をテーマに「地方の時代」映像祭で受賞した番組

年	回	賞名	作品タイトル	制作社
1981年	第1回	新しい自治体賞	ドキュメント・窪川原発の審判	高知放送
1986年	第2回	大賞	核と過疎〜幌延町の選択	北海道放送
1989年	第9回	優秀賞	はずれの末えいたち	青森放送
1990年	第10回	優秀賞	原発立地はこうして進む〜奥能登・土地攻防戦	NHK金沢・東京
1993年	第13回	大賞	プルトニウム元年，ヒロシマから〜日本が核大国になる‥!?	広島テレビ
		優秀賞	能登に“原子の火”が燃える〜検証・志賀原発の25年	NHK金沢
		優秀賞	能登の海，風だより	石川テレビ
1995年	第15回	大賞	原発に映る民主主義〜巻町民25年目の選択	新潟放送
1997年	第17回	優秀賞	続・原発に映る民主主義〜そして民意は示された	新潟放送
1998年	第18回	優秀賞	政治家辞めていただきます…〜巻町の公約とリコール	新潟テレビ21
2001年	第21回	大賞	原発の村・刈羽の反乱〜ラプカ事件とプルサーマル住民投票	新潟放送

2. 多発する事故と迷走する計画

核燃料サイクル基地建設問題を取り上げるＮＨＫの東北ブロックの番組を見ると、スタジオで最後にキャスターや記者が「国民的議論が求められる」といった趣旨の発言をするケースが多い。地域の電力会社が建てる原子力発電所と異なり、青森県六ヶ所村の核燃料サイクル基地では全国の原発で使われるウランの濃縮が行われ、全国の原発から出る使用済み核燃料が集められて再処理され、また全国から低レベル廃棄物が運ばれて処分される。つまり核燃施設の立地点はローカルだが、そこに運ばれる物質は全国からであり、本来は全国で考えられ、議論され、負担されるべき問題なのである。

しかしＮＨＫが全国放送でこの問題に取り組んだ番組は、すでに紹介した１９８９年のＮＨＫスペシャルのシリーズ「いま原子力を問う」の後は、次に紹介する１９９３年のＮＨＫスペシャルのシリーズがあるだけで、以後今日に至るまで「国民の選択」という切り口では番組化されていない。それに代わるように、次々と起こるトラブルや事故の検証番組が連打されていった。

＊プルトニウム利用計画への警告

⬇ＮＨＫスペシャル『調査報告　プルトニウム大国・日本　(1)核兵器と平和利用のはざまで』

（1993年5月21日、GTV全国放送、59分）

1992年、フランスから返還される1tのプルトニウムを輸送した「あかつき丸」の航行が世界中の非難を浴びることで注目を集めた日本のプルトニウム利用計画。ウラン燃料の消費から一歩進み、原発から出る使用済み核燃料から取り出されるプルトニウムを燃料として使うこの計画は、プルトニウムが極めて毒性が強いこと、そして核兵器の原料にも使われることから世界に波紋を投げかける。その日本と世界の認識のギャップはなぜ生まれたのか、日本の夢は果たして実現可能なのかを探るシリーズ。

第1回は日本のプルトニウム利用をめぐる日米、そして韓国・北朝鮮など周辺国との軋轢の歴史を見つめる。1955年に結ばれた日米原子力協定により日本はアメリカから濃縮ウランや技術の供与を受ける代わりに、その動きはすべてアメリカから監視されてきた。ところが1970年代、核拡散防止を掲げるアメリカのカーター政権の政策転換により、一時は東海村に完成した再処理工場の操業が止められ交渉に持ち込まれた末、プルトニウムを単体では抽出しないなどの条件が取り決められた。きっかけは原発の使用済み核燃料を再処理して取り出されたプルトニウムを使った1974年のインドによる核実験だった。また80年代には六ヶ所村の商業用再処理施設建設を前に、核兵器への転用やテロリストへの核の流出をおそれるアメリカの上院外交委員会が、核燃料サイクル関連施設へ30年一括して許可を与える新日米原子力協定の差し戻しを求めた。アメリカ政府は最大の濃縮ウラン市場である日本を失えば国益を損なうと巻き返しを図り、かろうじて条約は本会議で可決された。

番組はまた、原子力は一皮むけば核兵器開発の窓口に変わりうる本質的性向をもつがゆえに、平和利用を隠れ蓑にイラク、南アフリカ、北朝鮮で核兵器開発が行われてきたことを語る。それがとりもなおさず将来85ｔという米ソに次ぐ突出したプルトニウムを保有することになる日本が、国際社会から厳しい視線を浴びる理由であることを告げる。

➡『(2) 核燃料サイクルの夢と現実』

(1993年5月23日、GTV全国放送、59分)

シリーズ第2回は資源小国・日本が原子力開発の初期から「エネルギー自立」の夢をのせて、「天恵のエネルギー」(有沢広巳)として使用済み核燃料を再処理でして得られるプルトニウムを高速増殖炉で使って増殖させ、(60回は)サイクルさせる「核燃料サイクル計画」に突き進もうとしているが、米英仏、ドイツなど先進国はすでにそこから撤退あるいは別の路線に向かっており、日本の計画が技術的にも経済的にも困難に満ちていることを報告している。イギリス、ドーンレイの高速増殖炉はナトリウムと水がわずかな薄さで向かいあう蒸気発生器にのべ3000箇所もの穴ができて度々停止、修繕を迫られ、多額の税金を無駄にしていたことからサッチャー政権により計画中止に追い込まれた。日本で建設中の「もんじゅ」も同様の課題を抱え、当初350億円とされた建設費は1985年着工時には6000億円に膨れ上がった。電力会社もコストダウンしない限り実用化は困難という。番組はまた、高速増殖炉計画の挫折はプルトニウムの大口消費先を奪うため、消費先として普通の軽水炉が浮上するが、それは新たな燃料工場の建設などコストを押し上げると指摘する。また再処理を始めるとガラス固化する高レベル廃棄物、低レベル廃棄物、固形廃棄物などが生じ、使用済み核燃料の6倍もの体積に膨れ上がる。

ドイツでは政治家や原子力関係者が議論をはじめた。カルカーの高速増殖炉を廃炉にしたのに続き、再処理から撤退して使用済み核燃料を直接処分する道も選択肢に入れて議論をしている。番組は日本は決めた路線だからと六ヶ所村の再処理工場の建設などプルトニウム利用に向けて踏み出したが、解決困難な課題を多く抱える以上、現実を踏まえた政策と幅広い議論が必要と主張する。

＊続く動燃の事故と改組
1995年　高速増殖炉「もんじゅ」ナトリウム漏洩
1997年　東海再処理工場火災・爆発
1998年　動燃改組

1990年代後半に核燃料サイクル計画のキープレイヤーともいえる動燃の主要施設で立て続けに2つの事故が起こった。1995年12月に高速増殖炉「もんじゅ」で起こったナトリウム漏洩事故は、事故もさることながらその後事故現場を撮影したビデオテープの隠をめぐって紛糾、動燃は窮地に立たされた。さらに1997年、東海再処理工場アスファルト固化施設で火災が発生、その後爆発が起こって作業員が被曝した。施設外に放射能を放出したこの事故後動燃は国に虚偽の報告を行った罪で告発され、30年続いた特殊法人動力炉・核燃料開発事業団は改組に追い込まれた。[＊31]

同時に再処理後取り出されるプルトニウムの大口消費先だった高速増殖炉「もんじゅ」の停止によって日本のプルトニウム利用計画は大幅な修正を余儀なくされた。

2つの施設での事故に関してNHKアーカイブスには「もんじゅ」496件、東海再処理工場466件と数多くのコンテンツが保存されている。（以下、省略）

3. 作業員2人が被曝死した1999年東海村臨界事故

1990年代の最後の年に起こった事故は日本の原子力開発を包む深い闇を見せつけた。

1999年9月30日午前10時35分、茨城県東海村のウラン加工工場JCOで起こった臨界事故は、作業員2人が放射線被曝により死亡、周辺住民など666人が被曝する日本の原子力開発史上最悪の事故であった。原子力開発の初期にこそ起こったが「もう臨界事故は起こらない」といわれて久しい20世紀末に、住宅地の真ん中で22時間にわたって中性子線が周囲に発せられ、付近住民が避難したこの事故は内外に大きな衝撃を与えた。NHKアーカイブスには19本の番組があるが、その中から時を隔てて制作された3本のNHKスペシャルを論じてみる。

⬇NHKスペシャル『調査報告　東海村臨界事故――緊迫の22時間を追う』

（1999年10月10日、GTV全国放送、49分）

事故から10日後に放送されたこの番組では前半は事故から12時間後、茨城県が半径10㎞圏内の住民31万人に屋内退避勧告を出すまでを検証している。事故から1時間後にJCOから「臨界事故の可能性あり」との第一報を受けた東海村に対し、国も県も何ら助言もできないまま、12時30分、東海村が防災行政無線で事故を村民に知らせ、やがて15時には現場から350m以内の住民の自主的避難を村長独自の判断で行った。この間、県は「大したことない」と高をくくり、国は「臨界事故は一瞬でその後収束する」という常識にとらわれて迅速な対策を講じようとしなかった。国は16時46分に野中官房長官が「事故はこれ以上拡大しない」と宣言した。だがその直後、中性子線を測定すると毎時4ミリシーベルト、東京の通常の

1000倍もの強さで、臨界が継続していることが判明。20時半、茨城県は10㎞圏内の住民に屋内退避の勧告を出そうと、国に助言を求めるが国が専門家の意見を聞いて回答したのは2時間後の22時30分だった。番組後半はなぜ臨界が続いたかを種明かししつつ、臨界を止めるため沈殿槽のまわりの冷却水を抜く決死の作業によって10月1日9時18分に臨界を止め、再臨界の予防も終了するまでを再現する。現場では、原子力安全委員会から派遣された住田健二氏が「緊急被曝をしても止められるのは設置者しかいない」とJCOに対し自主的に社員が人海戦術で水抜き作業を行うよう迫った。

これは科学・文化部、首都圏センター、地元水戸放送局を中心に報道局の総力をあげて取り組んだ番組で、79年スリーマイル島原発事故、86年チェルノブイリ原発事故で発揮されたプロジェクト型報道の流れに位置している。

一方、事故から4年後に放送された次の番組では、対照的に1人のディレクターが臨界事故の刑事責任を問う裁判に提出された1万ページを超す資料を読み込み、事故がなぜ起こったのか、その原因とプロセスを20年の歳月を遡って検証している。

➡NHKスペシャル『東海村臨界事故への道』

（2003年10月11日、GTV全国放送、59分）

番組はまず1983年にあったJCOの転換試験棟の改造の失敗が第一の原因であると指摘する。そこで生産される高速実験炉「常陽」のための中濃縮ウラン（濃縮度20％）を発注する動燃とJCOとの間で情報交換に齟齬があったため、本来溶液が作られるべき施設なのに溶液製造のための設備を設計に組み入れていなかった。それに加えて溶液輸送の効率化のために40リットルという扱いを間違えば臨界が起きる多量のウラン溶液を均一化することを求められ、ＪＣＯは臨界を防ぐためクロスブレンディングという場当たり的な工程を組まざるを得ず、それが時間短縮などのため次第に形を変えるうちに臨界管理がはずれて事故に至ったことを洞察する。

番組はさらにＪＣＯの工程が逸脱した背景に、それを見抜けなかった国の安全審査体制の問題と、「もんじゅ」事故など核燃料サイクル計画が迷走する中で発注を不規則化し、ときに無理な操業を強いた動燃の責任があることを指摘する。そして最後は１９９０年代中葉に始まる電力自由化の中で経営危機に陥ったＪＣＯが、リストラに熱をあげる一方で、臨界管理法の継承もしていないスタッフに現場を任せ、事故に至らしめたと分析している。

事故があったＪＣＯ転換試験棟の実寸大の模型セットをスタジオに組んで作業を再現したため、事故プロセスの解析はわかりやすい。また事故を防げなかった背景に人材的にも手薄で独立性のない日本の安全規制の問題があることや、ウラン溶液の発注者である動燃自身が核燃料製造のグランドデザインを欠いていたことなど国策・核燃料サイクル計画の足元の脆弱さを明らかにしている。（中略）

➡ＮＨＫスペシャル『被曝治療　83日間の記録――東海村臨界事故』
（２００１年5月13日、ＧＴＶ全国放送、49分、内容省略）

Ⅺ　2000年代「老朽化」と「隠ぺい」

＊クローズアップ現代と科学・文化部

1993年にスタートした定時番組クローズアップ現代は原子力事故が多発するこの時代に立ち上がり早く取材し、わかりやすく簡潔に問題の所在を提示してきた。その基本は複雑な原子力技術を、格段に進化したCG技術と専門性の高い記者の解説で可視化している点にある。ここでは小出五郎解説委員など1970年代の科学技術番組の系譜に属するゲストに加えて、1991年に社会部から分かれた科学・文化部の記者たちが登場する。科学・文化部の記者は総勢約20人と少数だが、医学から航空工学、バイオテクノロジーやITまで専門知識を学び、様々な事件事故に対応する。科学・文化部記者が出演するクローズアップ現代は主として原発の科学技術上の問題を追及している。

＊原発老朽化問題

クローズアップ現代では初期に作られた原発で起こりはじめた老朽化を背景とするトラブルや事故に注目してきた。

⬇クローズアップ現代『蒸気発生器交換　初期の原発に何が起きているか』

（1994年3月9日GTV全国放送　29分）

3000万の部品でできる原発の中で原子炉、タービンと並ぶ中心機器・蒸気発生器が、国内の1970年代に作られた第1世代の古い原発8基で交換された。美浜2号機では500人がかりで、重さ

280t、高さ20mの蒸気発生器が交換された。40年以上の寿命のはずの蒸気発生器が20年たらずで交換される原因は、蒸気発生器の細管と支持盤の間に溜まるスラッジ(垢)による腐食作用でひび割れができるからだ。細管のひび割れから放射能を帯びた水が飛び散るという。原発の定期点検では電流で細管の穴をチェックするが、細管の総延長は70㎞でスーパーコンピューターでも解析しきれないという。

⬇クローズアップ現代『見過ごされた危機　検証・美浜原発事故』

（2004年8月31日、GTV全国放送、26分）

2004年8月7日関西電力美浜原発3号機で起きた2次系配管からの蒸気噴出事故で現場に居合わせた下請け作業員5人が蒸気を浴びて死亡した。

この事故のポイントは2つ。1つは事故が起きた配管は通常25㎜ある厚さが1㎜にまで減肉しながら、25年間一度も点検されなかったこと。配管の減肉は18年前のアメリカ・サリー原発事故で注目され、日本でも指針が作られた。美浜では関西電力の委託を受けた三菱重工が4200箇所もの点検箇所を書き込んだ図面を作成したが、今回事故を起こした箇所は含まれず、2003年4月になって配管の点検作業を委託された関西電力の子会社の担当者がようやく気づいた。だが点検箇所をすぐには関電に伝えず、連絡は7か月後の2003年11月まで遅れた。しかも配管は連絡後も放置され、ついに事故が起こった。

2点目は、これまで運転中の原発の現場に定期検査の作業員が入ることはなかったが、事故のとき105人も下請け作業員がいて、5日後に始まる定期検査の準備をしていたこと。日本の電力会社ではこの7年ほど前から定期検査の短縮化を進め、かつて3か月かかったものを半分の50日まで短縮していた。

停止期間を短くして稼働率をあげ、原発のコストを下げることが目標であるため、蒸気噴出事故の際に現場にいた作業員は事前準備をして定期検査をできるだけ短くすることを命じられていたのである。

＊電力会社による事故・トラブル隠し

２０００年以降、老朽化問題と並んで原発で行われてきた電力会社やメーカーによる事故やトラブルの隠ぺいが発覚することが度重なった。

⬇クローズアップ現代『隠された原発トラブル――東京電力・不正の実態』

（２００２年９月19日ＧＴＶ全国放送　25分）

２００２年８月に国が公表した東京電力の福島第１、第２、および柏崎刈羽原発で行われていた９件の不正、15件のトラブル隠しの概要を伝え、それが10年以上前に自主点検などで下請け会社員によって見つけられていながら、国への報告をせずに修理、記録を改ざんするなど悪質な隠ぺいが東電の手で行われていたことを告発している。

番組は最も多かった福島第１原発をベースに、①蒸気乾燥機の６箇所でひびが見つかりながら、国の認めていない方法で３箇所を修理、記録の改ざんを指示したこと、②炉心の水の流れを整える役割のシュラウド（原子炉隔壁）に最大16ｍ（一周分）のひびが見つかり、下請け会社が詳細調査を提案したが東電は放置して４年間運転を続けたこと、③緊急炉心冷却装置の配管に10㎝のひびが見つかったが国に報告せず、無断で修理して留め金をつけ目立たぬように黒く塗り、国の定期検査の際ははずしてカムフラージュしたこ

となどが明かされる。（中略）

しかし、この過去のトラブル隠しを国が公表し東京電力が謝罪した翌日、小泉首相が北朝鮮を初訪問すると電撃的に発表したため、東電のトラブル隠しの衝撃は緩和されメディアの続報は扱いが小さくなっていった。そしてこの情報公開には別の狙いがあったことが後日わかる。

➡クローズアップ現代『原発の安全をどう守るのか　維持基準導入の課題』
（2003年3月6日、GTV全国放送、30分）

東電だけでなかったトラブル隠しが出終わった2002年の終わりに、電力会社と国は原発の機器類に多少の損傷があっても安全に問題がなければ運転を続けてよい「維持基準」を導入することを提案して国会で了承され、2003年10月から実施されることになった。ただし、欧米や台湾、韓国でも導入された維持基準だが日本にとっては問題がある。女川原発で行った超音波を使った配管のひび検査では1㎜と計測されたひびが再検査で7㎜であることがわかった。検査の精度が低いことが実証されたのだ。（中略）

2002年8月のトラブル隠し公表は、まさにここに着地点を見定めた計画の出発点だったのか、と考えたくなる展開である。

これは1997年12月のクローズアップ現代『原子炉大改修』が伝えた内容、つまり東電が損傷したシュラウドを交換するため1基当たり130億円を投じた事態とつながっている。電力会社はその後損傷が見つかるたびに多額の出費を迫られる事態を回避しようとこの維持基準導入を働きかけた、それがこのトラブル隠し公表と表裏一体をなす思惑だったのである。

公表することで一時的に地元はじめ国民の信頼を損ねても、長期的な利益につながる維持基準を導入する。まさに肉を切らせて骨をたつ作戦だったのではないだろうか。

➡クローズアップ現代『隠された臨界事故　問われる原発の体質』

（2007年4月24日、GTV全国放送、26分）

2002年の東電はじめ電力各社によるトラブル隠しの公表から5年、今度は当時公表したもの以上に深刻なケースが多く、しかも古くは30年も前のものも含めて89件もの事故・トラブルが国に報告されず、隠されていた事実が発覚した。そのうち11件は定期点検で停止中の原子炉の制御棒が突然抜け落ちたり、意に反して勝手に動くなど深刻な事態だった。とくに1999年に北陸電力志賀原子力発電所1号機では制御棒の定期点検中、閉めておくべき水バルブを誤って開けてしまって3本の制御棒が抜け落ち核反応が急上昇、中性子線量が測定範囲をこえる「オーバーフロー」が起こっており、即発臨界が起きる可能性があった。だが北陸電力はこの事故を現場作業員の「引継ぎ日誌」にも書かず、中性子線量の記録もグラフが急上昇を示す箇所に「点検」という文字を書き加えて、あたかも点検のため人為的に数値を上げたかのように偽装した。その理由は2か月後に志賀原発2号機の着工が迫っており、事故を公表すれば反対運動が強まって着工できなくなると恐れたからだという。（中略）

悪質な隠ぺい体質が電力会社にはあることが改めて浮き彫りとなった。それはわずかなトラブルでも公表することで透明性を高め住民の信頼を得るよりも、放射能が施設外部に出ない事故で、発覚しないならば公表しない方が得と考える体質である。情報は一手に原発を所有・運営する側が握り、一般市民は蚊帳の外にいる。そうした非対称な世界では情報独占者は、少しでもそれが自分に不利になると考えれば公表しないのである。

ただし、この番組は制御棒の「抜け落ち」や「移動」が、制御棒の駆動が冷却水の動きに連動する従来型のBWR（沸騰水）型原子炉に共通した構造的特質によって起こることには言及していない。

XII　描かれることが稀なテーマ

＊イメージの「局地化」と「全国化」

ここまでNHKアーカイブスに保存されるコンテンツの視聴と分析を通して見えてきたのは、1950年代被爆国としての戸惑いが残る中で急遽アメリカから原子力が導入され、科学者たちが提唱した原子力3原則で誓った自主性や民主性、公開性に問題を抱えたままで1960年代の原発の夢の時代に突入していった日本の原子力開発の姿であった。その時代「原子力にかける夢」は諸外国や日本で膨らんでいたが、平和利用に隠れたインドの核兵器開発など死角に入ったものも多々あったのである。

1970年代に原発が全国にできるとニュース報道は全体として飛躍的に増えるが反対運動など立地をめぐる問題の多くはそれぞれ地方の問題に「局地化」された。そのため砂川闘争などかつての米軍基地反対闘争や成田空港反対闘争ほど、全国共通でイメージされる原発反対運動の映像はこの時代にはない。松山局に保管されている1970年初頭の伊方原発の反対運動の映像に三里塚の運動に似た雰囲気を感じながら、ふと我に返り初見であることを自覚するとき、イメージが局地化された歴史に気づく。

一方、この時代の原子力の全国版イメージは、1974年大湊港で無数の漁船に囲まれて立ち往生する原子力船「むつ」であろう。漂流する「むつ」も、係留されたままの「むつ」も何も外見に異常がない「原発」に比べてフォトジェニックだった。青森だけでなく九州・佐世保に旅したことも「さすらい」のイメージの強化を手伝っている。だが「むつ」は関根浜に入って以降は全国の視聴者の視界からは消え、95年の解体のニュースを覚えている人は少ないだろう。

TMI事故、チェルノブイリ原発事故に至ると世界規模での映像イメージの共有が始まる。ただし、その陰に隠れるかのように日本の原子力問題についてのイメージは一層局地化していく。

顕著なのは青森県六ヶ所村にできる核燃料サイクル基地の問題。内容は全国規模、政治的には国際的な問題でありながら少数の例外を除いて、多くは東北ブロックでの放送であった。とくに再処理後に出るプルトニウムを消費する高速増殖炉計画が躓く一方で、再処理工場が完成に近づく1990年代末から2004年にかけては、経済産業省資源エネルギー庁の官僚や電力中央研究所の研究員の中からも再処理の見直しを求める声が上がったが、正面から議論する全国版の番組は作られなかった。

ただし事故やトラブルに関しては、1992年のプルトニウム輸送船「あかつき丸」、1994年の高速増殖炉「もんじゅ」のナトリウム漏れ、1999年東海村臨界事故、2007年地震で火災を起こした柏崎刈羽原発など全国版のイメージは確実に形成されてきた。アーカイブスの保存コンテンツの数の多さからも裏打ちされる。

　他方、アーカイブスに保存される放送されたコンテンツが視聴者のそれぞれの事柄についての映像的記憶の源泉になっていると仮定すると、そこに稀少にしか存在しないコンテンツ、とりわけその番組が取り上げたテーマは視聴者の原子力イメージの中で小さな位置しか占めない、あるいはイメージから欠落している可能性もある。この章ではそうした稀少コンテンツである番組を例示して、テレビが50年間に形作ったイメージの偏差を検証してみたい。

1. 原子力平和利用の隠れた素顔

　安全性や経済性など「使用上の注意」が専ら議論されてきた感のある原子力が、実はもともと国際政治の道具であったことは忘れられがちである。第Ⅱ節に記した現代史スクープドキュメント『原発導入のシナリオ』はアメリカが共産主義勢力から日本を守り、自由主義陣営の橋頭堡とするために原子力導入がなされた歴史を伝えたが、そうした視点は１９７０年に放送された次の番組の中にも見られる。

この番組は海外取材がまだ珍しい当時としては巨額の制作費を投じた7本シリーズの最終回。

➡海外取材番組『巨大科学(7)巨大科学への道』
（1970年2月19日、GTV全国放送、28分58秒）

第二次大戦中、原爆開発の拠点だったアメリカ・オークリッジの核施設からは、戦後、友好国になった西ドイツやフランスに原発用の濃縮ウランが輸出された。だがフランスは「10年後には国産化する」といい、西ドイツも軽水炉はすでに国産化、ウラン濃縮も自主技術開発中だった。

原子力が大国の国際戦略の道具であるがゆえに、そこに抜け道を探り外交的自由度を確保する動きが生じることを喝破した番組もある。

➡NHK特集『追跡・核燃料輸送船』
（1985年1月28日、GTV全国放送、49分）

フランスで再処理され日本に変換されるプルトニウムを運ぶ晴新丸の隠密裏の動きに密着、アメリカが軍艦6隻で護衛する実態をスクープ。またフランスなど西欧の9カ国がアメリカによるウラン濃縮市場独占を防ぐため、ソ連に濃縮を依頼していた事実を暴露した。

番組が明らかにしたのは、冷戦時代であるにもかかわらず西ヨーロッパ諸国の政治バランス感覚はかくの如くであり、アメリカ一辺倒の日本とは大きく異なっていたこと、そして二重、三重に入り組んだ形で、ビジネスであると同時にそれが国際政治の道具でもある原子力平和利用の隠れた素顔である。外交に疎く、日米関係に近視眼的対応を繰り返す日本人にとっては貴重な世界観を提示したのではないだろうか。

同じウラン濃縮を扱っていながら、次の番組は原子力平和利用の全く別の側面、核兵器開発への転用の疑惑を追っている。古くはインド、パキスタンに始まり、途中開発を放棄した南アフリカやリビア、ブラジル、アルゼンチン、そしていま焦眉の北朝鮮、イラン。NPT、核拡散防止条約が認める5つの核保有国以外で核兵器を開発した国のすべてが当初は原子力の平和利用を主張し、それを隠れ蓑にしてきた。番組は原子力平和利用を守るため世界中で査察を続ける「核の番人」IAEAが、核兵器開発の疑惑をもたれるイランのウラン濃縮工場で行う査察活動を追っている。

➡NHKスペシャル『シリーズ核クライシス　第2集　核兵器開発は防げるか?——IAEA査察官・攻防の記録』

（2007年8月6日、GTV全国放送、49分）

イランでは濃縮工場に入る査察官の立ち位置を制限するなど、イラン側とIAEAのぎりぎりのか駆け引きが続く。その仕組みをCGで細密に伝える。

翻ればこのウラン濃縮もプルトニウムを抽出する再処理も認められた日本は、これを核兵器に転用しないという国際的な信頼を担保に政治経済上の利益を得ていることになる。その意味で日本にとって原子力はエネルギー政策であるとともに重要な外交政策であり続けるのである。

2. 原発と地元の人間

1980年代から次々と起こる事故や新たな開発の中で、NHKの原子力番組の主流は専門性の高い解説委員や記者による科学技術番組となった。それは機動力を発揮し、多くの視聴者に原子力という複雑で未知な世界の情報をコンパクトに提供することに成功した。

と同時に原子力とのっぴきならない関係となった人間が登場し、人間にとっての原子力とは何か、人間の眼から見た原子力はどんな顔をしているのか、という視点に基づく番組制作は主流からは外れた。これが毎年のように被爆した人々の思いが番組で交錯するヒロシマ・ナガサキと原発との違いである。言い換えれば、少なくとも日本人のコンセンサスの中で絶対悪となった原爆を話すときには人間を中心に据えることができるが、世論調査で66％近くの人が「不安」と答えながらも75％の人が「必要」と答える原発の価値判断は社会の中で割れており、[*32]調査と審判の渦中であるため、個々の番組でもその都度検証が求められ、緊張により人間性がフルショットになることが憚られているのかも知れない。

そんな中で人間の物語を奏でている数少ないケースが第Ⅸ節で見たチェルノブリ原発事故における衛星放送や教育テレビの番組であり、これから検証する地方局制作の番組である。最初はNHK金沢局と東京が共同制作した番組で、原発ができるときに地元で起こる事態を取材している。

➡ドキュメンタリー'90『原発立地はこうして進む——奥能登・土地攻防戦』

（1990年5月23日、GTV全国放送、50分）

能登半島の先端の石川県珠洲市高屋地区は戸数75、人口250の半農半漁の寒村だが、過疎に悩む珠洲市が原発を誘致したため関西電力による立地可能性調査が行われようとしていた。（中略）番組は原発賛成と反対に分かれて互いを見張りあい、村祭りも開けなくなるほど対立した村の人々の苦悩を描く。寺の住職を中心に土地を守ろうと共有地を作る人々。原発建設後の村の未来を思い描く人。どうしていいかわからない中間派の老夫婦も登場する。背景には国営パイロット事業など過疎脱却策の失敗で借金を背負い込んだ地元自治体の宿業があり、原発立地で一攫千金を目論む業者たちの蠢きがあった。

➡リポートとうほく'93『橋本克彦の東北診断　北の母ちゃんの声は届かない——下北・原発立地の28年』

（1993年4月25日、東北ブロック放送、28分）

ノンフィクション作家の橋本克彦氏が東通村の原発建設予定地を訪ねる。原発誘致から28年、賛成反対の激しい議論の果てに白糠漁協は1992年、漁業権の一部を放棄した。伊勢田いちさんはその白糠から移住し、いまは山間部にある息子が経営する牧場で暮らす。白糠にはもう3年帰っていない。いちさんは自律神経失調症に罹っている。家族はその理由を「原発反対運動で身も心も疲れ果てたから」と説明する。いちさんは1974年の原子力船「むつ」の強行出航などの騒動を見てきた。白糠・原発から海を守る会を作り、一時は300人も集まって、放射能汚染などの勉強会を開いて学んだ。（中略）

ところが夫が土地を売ってしまった。息子の博道さんは「親父が裏で東京電力と交渉した。お袋とうまくいかなくなり、離婚する話もあった」と説明する。（中略）

そして最後、白糠では漁業権放棄の補償金100億円をどう分けるかが問題になった。老婆の物語はここで突然終わった。「話したくなくなった。勝った戦争ならいいが、疲れてきた。やめるべし」。

リポーターの橋本克彦氏は言う。「私たちの東北は中央の産業社会のエネルギー供給地の役割を受けもつが、それで家族や親戚など地域社会が変容させられる。（中央の人は）この心の悲しみまでわかって欲しい」。

ＮＨＫ仙台局の制作である。

➡特報・首都圏'95『原発、住民たちの問い　新潟・巻町　自主投票のゆくえ』

（1995年2月12日、関東甲信越ブロック放送、28分）

新潟県巻町では昭和46年に計画された東京電力の82万kwの原発建設が、用地買収が97パーセント終わり町有地の売却を残すのみとなりながらも激しい反対運動によって凍結に追い込まれた。（中略）ところが94年8月の選挙では原発推進を掲げる佐藤莞爾氏が町長に当選し、2年後の原発建設着工を宣言した。これに対して市民グループが住民の意志を直接確認する住民投票運動を立ち上げた。一方佐藤町長は、この住民投票は住民が勝手に行っていることで行政は関知しないと言い切る。（中略）そして迎えた投票日、様々な妨害にもかかわらず有権者の45％にあたる1万378人が投票し、そのうち95％が原発建設反対に票を投じた。（中略）

番組は反対、賛成、町の様々な人の意見を尋ねている。その中で反対に投票した主婦が「阪神淡路では震度6で高速道路がこわれたでしょう」と原発の耐震設計に疑問を投げかける。12年後の夏、柏崎刈羽原発を襲った中越沖地震を予見したかのような発言である。また昭和54年に補償金をもらい計画受け入れに賛成した巻町漁協の組合長が「私どもは戦って終わったという認識で国と安全基準を信じていくしかない」と答え、記者から「本音ではどうですか?」と突っ込まれると「男が約束して、貰うもん貰ってから実は本音はこうですなんて死んでも言えるもんか」と声を荒げる場面が印象的である。

十分に議論を積み重ねずに土地代金や補償金、自治体に入る交付金や税収など金を武器に強引に立地を進め、町が分裂に追い込まれる立地プロセスをとってきた国や電力会社の罪深さも感じさせる番組である。同時に、かつて福井や福島で通用した金で解決する手法がここでは通用しなくなっていることを示唆している。一時は財政難を脱した原発先進地の自治体がやがて交付金も途絶え30年後には再び財政難に戻ってしまい、過疎も解消されなかった現実が知られるようになったからである。(中略)

3. 原発は被曝で動く

1970年代、日本全国に原発が建てられ住民の反対運動も激化した頃から、「原発はエネルギーと放射能という2つの顔をもつ。いかに放射能を外に出さないで安全にエネルギーを取り出せるかが鍵」という言説がテレビ番組でも中心に位置するようになり、専門機関が原発事故の深刻度を判定する際にも施設の外に放射能が放出されたか否かが、重要な基準とされるようになった。

それは原発が建つ地域やそこで大事故が起こった際に影響を受ける近隣都市部の人々にとっては死活的に重要なことであり、原発を容認するか否かの決定的な指標の一つであることは間違いない。しかし忘れられがちなのは、施設の中にも人間がいることである。日本全国の原発で働く電力会社社員と下請けの作業員の数は約6万5000人といわれる。例えば2005年に日本の原子力施設内で起きて原子力安全・保安院に届け出された事故・トラブルは13件でそのすべてが施設外に放射能が出ていないとされ、IAEAの決めた事故評価ではレベル0ないし1で「安全上重要でない事象」とされる。[33] だが例えば、2005年10月1日に福島第1原発4号炉で作業員4人が放射能を含む粉塵を吸い込み内部被曝したケースのように、報道されないが時間をかけて影響を見守らなくてはならないものも多い。[34] さらに2002年、2007年に発覚したように、現場での「事故隠し」が蔓延していたことを考え合わせると、これまで報告もされず闇に葬られてきた被曝事故も多いと考えられる。

そして事故が起こらずとも定期点検などで放射線管理区域に入って作業をする作業員たちは常時被曝をしている。個々人の年間の被曝線量は職業人の被曝限度量[35]以下に抑えるよう電力会社の放射線被曝管理者によって記録されコントロールされている。しかし個々人の被曝線量を人数分足しあわせた総被曝線量は一時は減少の一途だったが原発老朽化が進む昨今、再び増加している。そして被曝線量は電力会社の社員に比べ圧倒的な比重で下請け会社の派遣する作業員たちに集中している。[36]

下請け作業員の被曝問題は自ら作業員となって原発内作業の実態を取材した堀江邦夫氏の著書『原

発ジプシー』(1979年初版)が世に出されたことで注目された。それに先立つ1974年には敦賀原発で働いた大阪の下請け会社員・岩佐嘉寿幸氏が放射線皮膚炎に罹ったと日本原子力発電を相手どり損害賠償請求の訴訟を起こした。裁判は最高裁まで争われたが、結局「皮膚炎と放射線の因果関係が立証されない」と訴えは却下された。現在は福島第1原発で働いた長尾光明さんが多発性骨髄腫となった健康被害の補償を求めて東京電力を提訴中である。

これまで被曝との因果関係が推察されるケースで労働基準監督局に労災認定申請をしたケースは16ケース、22人。そのうち労災認定を受け支給されたのは8ケース、審査中1ケース、不明1ケースを除いて6ケースで支給されていない。[*37]

こうした事情も含め、NHKの番組で原発労働者の被爆を取り上げたものは数少ない。1981年のNHK特集『原子力・秘められた巨大技術』のシリーズではVTRで原発作業員の総数と総被曝線量の増加を伝えているが、1989年のNHKスペシャル『いま原子力を問う』シリーズでは討論の参加者が発言の中で指摘しているだけである。

NHKアーカイブスで「原子力」をキーワードに、「被曝」をセカンドキーワードにして検索して打ち出される保存コンテンツ件数は134件。「事故」や「安全」をセカンドキーワードにした場合の4668件や4965件の3%以下である(129ページの図3参照)。

実は原子力発電所のみならず、原料であるウラン鉱の採掘現場に始まり、精錬、転換、濃縮、再転換、燃料加工という発電の前段階から再処理、放射性廃棄物処分など後段階まで、核燃料サイクルのあらゆる現場で作業員は被曝しながら働いており、周辺住民も何らかの形で被曝の脅威と隣りあっている。つまり事故が起こらずとも原発が動いてエネルギー利用されるために多くの人々が日々被曝しているのだが、そうした実態がトータルに紹介された番組はない。部分的に報道されることはあるが稀である。

ここではその稀なケースを紹介したい。

⬇中部ナウ『原発労働者　低線量被曝の実態に迫る』

（1992年9月12日、中部ブロック放送、28分）

中部電力の社員で高卒後10年働いて白血病で亡くなった富田さんの場合、会社側は「たった1日原発で働いたが被曝線量はゼロで白血病との因果関係はない」という。だが弟の死を無念に思って調査を続ける姉の手元には放射能汚染の激しい作業箇所の看板前で写された富田さんの写真がある。会社への不信感は29歳でやはり白血病で死んだ別の下請け作業員の両親も抱いている。定期点検のときは2度3度と管理区域に入って仕事をした息子の被曝の根拠となる放射線管理手帳を会社が見せてくれないという。実際息子は健康診断で白血球の数値が高かったが「飲みすぎや寝不足でも出るから」といって何も処置されなかったという。

原発作業員たちがこうした隠れた被曝の実態を伝えあい連帯する動きを始めた。元配管工の平井富雄さんは原発被曝労働者センターを作り1000人もの相談に応じてきた。そのうち5人が被曝によると見られるがんで死亡したという。斉藤征二さんは原発作業員の組合を作った。だが、最高裁まで争って敗訴した大阪の岩佐裁判の弁護士・菊池逸雄氏は「企業が被曝データを正直に出さない限り、原発内での被曝線量の証明ができないことが最大の問題だ」という。

ここでもまた、データは電力会社の手中にあるという非対称性が関わっている。作業員は被曝手帳を交付され一応自分の被曝データを知らされているが、多くの場合手帳は所属会社が管理しており、いざという場合に手元に戻るとは限らない。加えて放射線の人体への影響、とりわけ低レベル放射線の場合は十分に解明されてはいない。[*38]それゆえ被曝労働により発病し損害賠償を求めて裁判を起こしても、作業員側の主張が認められるのに必要な証拠の入手は困難となる。

こうして原子力産業にとって優位な条件下で原発は動いている。言いかえればのべ40万人ともいわれる原発作業員の被曝実態はいまだメディアなど市民社会による十分な検証を受けていないといえる。

結語にかえて

＊テレビの踏ん張り

ＮＨＫアーカイブスから借り出した２２２件のコンテンツを視聴しながら体験したことは、これらの映像を研究素材として突き放す気持ちと、反対に抱きしめたい気持ちの相克であった。最後に告白するが筆者自身番組ディレクターとして10本あまりの原発関連番組を制作してきた。本稿の中には何本か筆者自身が作った番組が論述されている。しかし筆者の過去の仕事を知らない方にはどれがそうであるか判別しないように書いたつもりである。言うまでもないが２２２件をすべて同じ立ち位置から見る公平性を確保しなければ研究としての客観性を維持できないと考えるからである。

それにもかかわらず番組を視聴しながらある種の感情がこみ上げてきて困惑することがあった。それは「原子力推進」という国策の中で、テレビという媒体にかかる圧力や制限にもかかわらず、精一杯取材し番組を作ってきた先輩の仕事を眼前にしたときの驚きと尊敬が入り混じった感情である。もちろんＮＨＫの原子力報道に批判的な声があることは承知している。しかし実際に視聴した２２２件は20年にわたり自ら原発報道に携わった私にとっても「想定外」に内容豊かであった。それは「テレビは原子力の広報をすべし」という原発導入期からの政治的圧力をたえず受けながらも、次々と明らかになる原子力の問題点から目を逸らさずに視聴者に伝え続けてきたと実感できたからである。そしてそれが「テレビと原子力の父」の意に反して、「テレビの息子」である現場の取材者・制作者が志を抱いて踏ん張り、移り気ではあるが命の危険には敏感な世論に支持されて実現してきたと知ったことが、今回の研究の何より大きな成果であった。今日までＮＨＫはＮＨＫなりに、民放は民放なりに、テレビは困難な仕組みにありながらも原子力における「報道の自由」を確保する努力を続けてきたのである。

＊テレビの原子力報道の課題

もちろんテレビの原子力報道には課題もある。すでに指摘したように原発報道は常に「事故・トラブル待ち」であった。事故が起これば集中豪雨のように各社ともニュースを出し、動燃や電力会社など事業者や国がバッシングされる。場合によっては１９９９年臨界事故のあとの茨城県や２００７年柏崎刈羽原発が地震に襲われた新潟県のように、イメージの氾濫によって地元が風評被害に苦しむこともある。だがしばらくすると潮が引くように報道は途絶え、ときには追及途上の問題も捨て置かれる。例えば国がわずか3か月の調査で終わらせた東海村臨界事故の原因究明や、各地のBWR型原子炉で定期点検中に多発していた制御棒の脱け落ち事故の構造的原因を追うテレビ制作者は少なかった。昨今あまりに事故やトラブルが多発するためテレビ制作者は常に目先の問題に追われている。ともすれば公表される事実を入手して紹介するだけで、独自の視点と手法で事実が掘り起こされるケースは稀有である。本稿で論じた科学技術番組の手法による調査報道の真価が発揮されるケースは少ないのである。

テレビの原子力報道のもう一つの課題は、事故が起これば報道するが、事故が起こらなければ報道しないという姿勢からの脱却である。多くの人は今日、原発は事故が起こらなければ問題ないと思っている。だが実は事故が起こらずとも原発を作り燃料を調達し動かすことで、すでに多くの人々に被曝、生活環境や友人の喪失、親族関係の不和や破壊といった負荷が圧し掛かっている。原子炉内で生まれる放射能は増え続け、処分場も決まらないまま核廃棄物という未来の世代へのつけが日々嵩んでいる。だが多くの日本人が米軍基地に苦しむ沖縄に手を差し伸べないまま「平和」を享受するように、原発のもたらす電力の上に消費生活を謳歌する大多数の人々はそのリスクを背負わされた地域や人々の姿を見ないで済ませたいと無意識に願ってきた。そして大衆の願望に忠実なテレビは少数者や未来世代に任された負荷を直視して伝えようとはしていない。

そもそも原発を必要とする大量のエネルギー消費をいつまで人類は続けるのか、あるいは昨今の世界的な「原発回帰」の掛け声のもと中国、インドなども巻き込み原子力は果てしなく拡大していくのか。その先に地球に何が起こるのか。こうした根本的でいずれは避けて通れない課題にテレビは本格的に取り組む必要がある。

＊アーカイブスを未来に

今回アーカイブスを利用してもう一つ発見したのは、ニュースや番組に記録された人々の声である。それは国策の説明や技術的事象を解説するコメントをはるかに超えて強い響きを有している。

⬇『南紀はすばらしい景観が壊されずに残っている。これさえ守ればそれだけでいい』

和歌山県太地町長１９６９年の声

「放射能は怖いです。色もないし、音もしないし、広島の原爆ですぐに出なくても子どもに出てくる……」

１９７３年に東海村の主婦が発した声

「我々開発に携わったものは悪魔に魂を売って力を得たファウストのようだと考えたことがあります」

１９８１年加圧水型軽水炉を開発したアメリカの物理学者の声

「ここで働く人間としては外部の人が騒ぐほどじゃない。危ないといっても他に仕事はないし」

１９８３年大飯原発２号炉の定検作業員の声

「最初にくるのは工業の公害ではない。必ず人間の公害だ。心が金の力で曲がるんだ」

１９８７年青森県六ヶ所村の農家の声

「我々は生きる営みに電力などほとんど必要としなかった。神から罰を受けるようなことは何もしていないはずだ」

1987年チェルノブイリの放射能で汚染されたスウェーデン北部の遊牧民サミの声

「最初の間違いが最後まで響いた。一生懸命やったことが世の中に評価されずに残念だ」

1988年原子力船「むつ」初代船長の声

「私どもは戦って終わったという認識で、国を信じて安全基準を信じていくしかない」

1995年新潟県巻町漁協の組合長の声

「たとえ原子力は必要でも、人の命より大切ではありません」

2000年プリピャチからの避難民の声

「いままでの信頼はすべて崩れた。今度事故が起きたら全部止めてもらう」

2002年浜岡原発の地元町内会長の声

「古い耐震設計指針で『安全である』といっていたので新しい知見が出されても取り入れられなかった」

2007年愛知工業大学客員教授（地震学）の声

「本来なら首都圏の電力供給に影響が出るのに、東京ではまったく影響もなく生活が続けられていることに非常に違和感を持った」

2007年夏・新潟県柏崎市長の声

これらの声は将来できる原発の最終産物、高レベル廃棄物の処分場を足下に抱えて生きることになる５００年、１０００年先の未来世代に残すメッセージ集の貴重な映像であり音源となるだろう。自分たちの身に余る問題と直面しながら人々が本気で考えたこと。そこには少なからず、まだ見ぬ未来の世代への思いも存在していたはずである。ニュースや番組がそれを記録する使命を担ってきたように、アーカイブスはそれを保存し、放射能の長い半減期にも負けない伝承の持続力を育成し、沈黙の闇に沈む負の遺産に人間の言葉による明かりを燈すべきである。その行為により初めて未来の世代は遺産の来歴を知り、取り扱いの哲学を構築できるようになる。

そのためにはアーカイブスは視聴しようとする人に、より開かれたシステムとして構築されなければならない。人々が直面する課題を直視し、議論することが必要なとき、開かれたアーカイブスはそれを手助けすることができるであろう。

今回の研究で、テレビの中の原子力50年の道のりを映し出す鏡として力を発揮したアーカイブスは、実は未来に向けてその道を伝える役割を秘め、扉が開けられるのを待っているのである。

《注》

（１）ＮＨＫ放送文化研究所世論調査データベースより
くらしと政治85・2、86・3、87・2、88・3、89・3、89・9、90・10、91・3、93・3、94・3、96・9、98・3、戦後50年・社会調査、ＩＳＳＰ・環境についての調査１９９２年、ＩＳＳＰ・環境に関する意識と行動２０００年、など。

（２）ＮＨＫアーカイブス・データベースは職員と許可を受けたスタッフに利用が限定されている。一方２００７年2月からＮＨＫアーカイブスはホームページで一般利用者用に37万番組をカバーした保存番組検索システムを公開。また川口や全国のＮＨＫ施設や放送局に置いた特別端末では約６０００本（テレビ５４１７本、ラジオ

５８６本／平成18年度末現在）の著作権処理された番組が視聴できる。
（３）拠点局の管内を放送域とする放送。北海道ブロックは北海道全域、東北ブロックは青森、岩手、秋田、宮城、山形、福島の東北６県、関東甲信越ブロックは群馬、栃木、茨城、千葉、埼玉、東京、神奈川、山梨、長野、新潟の１都９県、中部ブロックは静岡、愛知、三重、岐阜、富山、石川、福井の７県、近畿ブロックは滋賀、京都、兵庫、大阪、奈良、和歌山の２府４県、中国ブロックは岡山、広島、鳥取、島根、山口の５県、四国ブロックは徳島、香川、愛媛、高知の４県、九州ブロックは福岡、佐賀、長崎、大分、宮崎、熊本、鹿児島、沖縄の８県を放送域とする。
（４）有馬哲夫著『日本テレビとＣＩＡ――発掘された「正力ファイル」』（新潮社、２００６年）参照
（５）１９５３年１２月８日国連総会でアメリカのアイゼンハワー大統領が行ったいわゆる「アトムズ・フォー・ピース」と呼ばれる提案で、国際原子力機関ＩＡＥＡをつくり、そこに核兵器用に生産した濃縮ウランを預けて原発など民間に転用することで軍縮を進めようとするものだった。
（６）PROGRESS REPORT ON NSC 125/2 AND 125/6（EL）.
（７）柴田秀利著『戦後マスコミ回遊記』（中央公論社、１９９５年）より。
（８）１９５５年11月17日付け正力松太郎からアイゼンハワー大統領あての手紙。「平和利用博覧会は成功した。…原子力平和利用使節団の来日が、日本での原子力に対する世論をかえるターニングポイントになり、政府をも動かす結果になりました」
（９）（８）と同じ手紙。
（10）アメリカ国立第二公文書館所蔵：CIA Name Files, the Second Release 2002, Matsutaro Shoriki.
（11）アメリカ国立第二公文書館所蔵：CIA Name Files, MATSUTARO SHORIKI'S CHARACTER and CAREER. 他。
（12）Classified Messa GE 31Dec.1954 to Director1347 IN 1434Z 31DEC54. 他。
（13）奥田謙造・学位論文「冷戦期のアメリカの対日外交政策と日本への技術導入――読売新聞グループと日本のテレビジョン放送及び原子力導入：１９４５年～１９５６年」２００７年、39～41ページ参照。
（14）『朝日新聞』１９５５年12月21日朝刊。
（15）（13）と同じ論文、73ページ参照。

(16) アーカイブスの記録からはこの2本の映画が実際放送されたか否かは確認できない。
(17) 河合武・武谷三男「対談・わが国における原子力開発のあゆみ」技術と人間・1974年10月号、34ページ。
(18)『日本原子力研究所20年史』より。
(19)(13)と同じ論文、49〜50ページ参照。
(20)「NHKは何を伝えてきたか――NHKテレビ番組の50年」2003年、NHK刊、48ページより。
(21) ウランやプルトニウムなど放射性核物質を扱うための手袋のついた密閉した箱で、核物質が漏れないように設計されている。
(22) NHKスペシャル『想定外の揺れが原発を襲った――柏崎刈羽からの報告』(2007年9月1日放送)より。
(23)「浜岡原発は想定される東海地震の揺れに耐えられず危険だ」として静岡県や愛知県の住民らが中部電力に運転差し止めを求めた訴訟で、2007年10月26日、静岡地裁は「耐震安全性は確保されている」と判断、原告側請求を棄却した。原告は東京高裁に控訴している。
(24) 七沢潔著「連載・チェルノブイリ20年・危うい分岐点を歩いて――第2回・汚染大地の物語は終わらない」『世界』2007年2月号。
(25) 七沢潔著『チェルノブイリ食糧汚染』講談社、1988年刊、240ページ。
(26) 1986年9月放送のNHK特集『調査報告・チェルノブイリ原発事故』を再編集した『チェルノブイリは何を残したか』がモンテカルロ国際テレビ祭で金賞に当たるゴールデンニンフ賞を、1990年8月放送のNHKスペシャル『汚染地帯に何が起きているか――チェルノブイリ事故から4年』が同じくモンテカルロ国際テレビ祭で銀賞に当たるシルバーニンフ賞を受賞した。
(27) 内閣総理大臣官房広報室が全国20歳以上の3000人を対象に層化2段無作為抽出法で行った調査で、調査項目は(1)原子力についての認識等、(2)チェルノブイリ原子力発電所の事故、(3)原子力発電の認識、(4)原子力発電の安全性。回収結果は有効回答数2370(79・0%)、調査不能630(21・0%)。
(28) 1988年4月24日、東京・日比谷公園で行われた「原発とめよう!東京行動'88」の参加者は2万人(主催者発表)。組織主導ではない、全国からの自発的参加者が多かったため「反原発ニューウェーブ」現象と呼ばれた。

（29）青森放送では1978年（昭和53年）から原子力広報番組を手がけ、専門の制作スタッフを養成してきた。現在も日本原燃提供のテレビ番組『ニュートンのリンゴ』（毎月第2日曜17：00～17：15放送）、『Eメッセージ』（毎週金曜22：54～23：00放送）、ラジオ番組『サイエンスカフェ』（毎週月曜15：35～15：45放送）はじめ東北電力提供のテレビ番組『江奈滋家の食卓』（毎月第2土曜17：30～18：00放送）などの番組にCM収入も加えると総額1億円は下らない売り上げを維持している。

（30）「北の街」2003・8月号「番組表の裏側から」その79　核まいねシリーズ①、9月号「番組表の裏側から」その80　核まいねシリーズ②より。

（31）1998年10月1日動燃は改組して、新たに核燃料サイクル開発機構が発足した。だが7年後の2005年10月1日には日本原子力研究所と統合されて独立行政法人・日本原子力研究開発機構となった。

（32）2005年12月15日から25日まで全国の男女1700人を対象に行われた内閣府世論調査。原子力発電を「肯定する」75・3％、「否定する」22・4％、「不安」65・9％、「安心」24・8％。「不安」と答えた人の80・2％が「事故の可能性があるから」と答えている。

（33）『原子力ポケットブック』2007年版（電気新聞）146ページより。

（34）『原子力市民年鑑2007』（原子力資料情報室）78ページより。

（35）放射線業務従事者の線量限度は5年間につき100ミリシーベルト及び1年間につき50ミリシーベルト。女子（妊娠不能と診断された者、妊娠の意志のない者及び妊娠中の者をのぞく）については前述のほか、3か月間につき5ミリシーベルト。

（36）『原子力市民年鑑2007』（原子力資料情報室）223、224ページより。

（37）同上　226ページの表より計算。

（38）放射線が人体に与える影響について「この線量以下なら影響はない」という「閾値」の存在を認める説と、閾値はなく「線量に応じた健康リスクがある」とする説が長年対立してきたが、今は後者が国際的にも支持されている。

＊初出情報

序章＝「『ＺＯＮＥ』の既視感——フクシマで『生命の切断』が始まっている。」（"gallery69" ２０１１年4月、日本ビジュアル・ジャーナリスト協会ウェブサイト）

ちょっと長い自己紹介＝「原発に向き合い続けて二十五年」（ＧＡＬＡＣ　２０１１年11月号）

第１章＝「放射能汚染地図」から始まる未来——ポスト・フクシマ取材記（『世界』２０１１年8月号）

第２章＝「インタビュー　チェルノブイリ事故時の言葉から何を引き出すか」（『科学』２０１１年11月号Ｖｏｌ．81　Ｎｏ．11）

第３章＝「操作された記憶の半減期」（法政大学『サステイナビリティ研究』Ｖｏｌ．５、２０１５年3月）以下のＵＲＬで全文ダウンロード可能〈http://repo.lib.hosei.ac.jp/handle/10114/11406〉

第４章＝書き下ろし

第５章＝「シンポジウム「核と現代」（抄録）（『ドキュメント２００８／２０１１　核のある世界〜未来を切り開くために』東京外国語大学 Global Study Laboratory　２０１２年2月刊）

第６章（©ＮＨＫ）＝「原子力50年．テレビは何を伝えてきたか——アーカイブスを利用した内容分析」『ＮＨＫ放送文化研究所年報２００８』日本放送出版協会、２００８年）以下のＵＲＬからＰＤＦで全文をダウンロードできる〈http://www.nhk.or.jp/bunken/research/title/year/2008/pdf/007.pdf〉

◉おわりに

「体験したことは風化なんかしない。テレビで見たようなことは忘れちゃうかもしれないけど……」

3・11から5年になろうとする頃に、都内の小さなホールで行われた、どちらも福島とつながる写真家とミュージシャンのトークショーで聞いたそんな言葉が、耳について離れなくなった。

取材者はまさに必死の覚悟で事故直後から現場に入り、原発事故のもたらす厳しい現実や被災者の苦悩を伝えるのだが、視聴者にとってはテレビから受け取ったイメージは所詮は疑似体験、バーチャルリアリティなのだ。それは見ることで消費され、泡のように虚空に消え去る。

もちろん日常を脅かすイメージの衝撃が一時の熱狂や高揚をもたらすこともあるが、1年と持たず、社会は「非日常」から「日常」へと帰っていく。

放送批評懇談会という、市民がテレビ・ラジオの番組を検証することをめざす団体が授与する「ギャラクシー賞」は、40年以上続く放送界の最重要コンクールの一つだが、2011年度の大賞に選ばれたのは、震災や原発事故のドキュメンタリーではなく、NHKの朝の連続テレビ小説『カーネーション』だった。優秀賞も日本テレビ系列の『世界の果てまでイッテQ！』などのバラエティ番組だった。原発事故や津波被害を描いた番組が受賞したほかのコンクールとの差異を出そうとする気持ちの表れであろうが、この国の未曾有の「非日常」に向きあった番組は「特別賞」などに棚上げされ、「日常」の娯楽メディアとしてのテレビが「顕彰」されたのだ。もしかすると1年以上がたった時期での選考で、「もう3・11ものはうんざりだ」という気持ちが審査員の間にあったのだろうか。「悲惨に飽きた」「私たちは早く日常に戻って笑いを取り戻したいのだ」、そんな声が聞こえてくるような気がした。

意識的なのか無意識なのかわからないが、審査員たちはテレビの視聴者たちの「気分」の代理人になっていたように見える。「風化」を憂う立場から、多少の皮肉を込めて言えば、審査員諸氏は視聴者目線を借りて「正常性バイアス」のトップランナーになっていたということもできる。「批評家」も含めてイメージの消費サイクルに入ってしまったテレビの原発報道が、「風化」を免れて生き抜くには二つのことが決定的に重要だ。

まず、消費財ならば新しい価値をもつ番組でなければ売れないという事実。福島でいえば、子どもの「甲状腺がん」の増加など気になる話題はありながら、政権や原子力ムラの牽制球が怖くて番組にならない。事故原因の究明もまだ途上なのに、2年前くらいから新事実はテレビで明かされない。「消費意欲」をそそる魅力的な商品がない以上、「福島ネタ」の視聴率が上がらないのは当然だ。

もう一つはそもそも消費財にならない番組をつくること。時間をこえ、福島とそれ以外の日本という空間をこえて、見る人の心に刻まれる番組をつくること。その番組を見ることから次の生き方が始まるような体験を人々にさせる力。その力は、心そこにあらずなのに「福島に寄り添う」と口にする欺瞞からは生まれない。事故に蓋をしようとする権力に抗し、返り血を浴びる覚悟で事故の核心に切り込む覚悟なくして、その力はこの世に現れない。

アーカイブの番組群を視聴し、それらの制作者が時代と切り結んだ古戦場を見たあとに、取材者として福島を歩き、報道し、再びの挫折を味わった私にとって、「テレビと原発報道の60年」を考えることは、突き詰めるとそのような境地を主体として獲得することに他ならなかった。

最後に、このような機会を作ってくださった彩流社の出口綾子さんのご厚意に、感謝申し上げる。出口さんが本の帯に書いた「国や電力会社が隠そうとする情報をいかに発掘し、苦しめられている人々の声をいかに拾い、現実を伝えたか」という一文。

それはまた、本書を通じて、私が原発報道の現場にいる人々に発したい「問い」であることを確認して、筆を置きたい。

七沢潔

2016年4月

【著者】七沢 潔…ななさわ・きよし…

1957年生。1981年早稲田大学卒業後NHK入局、ディレクターとしてチェルノブイリ、東海村、福島などの原子力事故を取材。主な作品に「放射能食糧汚染〜チェルノブイリ2年目の秋」(1987)、「原発立地はこうして進む〜奥能登土地攻防戦」(1990)、「チェルノブイリ・隠された事故報告」(1994)、「東海村臨界事故への道」(2003)、「ネットワークでつくる放射能汚染地図〜福島原発事故から2カ月」(2011)など。現在はNHK放送文化研究所上級研究員。著書に『原発事故を問う』(岩波新書 1996)、『東海村臨界事故への道』(岩波書店 2005)、『ホットスポット』(共著・講談社 2012)など。論文「テレビと原子力」(『世界』2008.06-08)で科学ジャーナリスト賞受賞。

フィギュール彩55

テレビと原発報道《げんぱつほうどう》の60年《ねん》

二〇一六年五月一六日　初版第一刷

著者――七沢 潔

発行者――竹内淳夫

発行所――株式会社 彩流社
〒102-0071
東京都千代田区富士見2-2-2
電話：03-3234-5931
ファックス：03-3234-5932
E-mail：sairyusha@sairyusha.co.jp

印刷――明和印刷株式会社

製本――株式会社村上製本所

編集――出口綾子

装丁――仁川範子

ISBN978-4-7791-7051-5 C0336
http://www.sairyusha.co.jp